长柄扁桃资源开发利用

张应龙　申烨华　王　伟　宋进喜　郑纪勇　等　编著

国家科技惠民计划
陕北能源化工基地生态修复惠民工程项目

科学出版社
北京

内 容 简 介

本书受科技部科技惠民计划“陕北能源化工基地生态修复惠民工程”项目的支持，通过对国内外长柄扁桃地理分布、生存环境的调查研究，总结了我国长柄扁桃的资源现状；重点探讨长柄扁桃的生态价值、经济价值、社会价值，并结合目前我国长柄扁桃的开发研究现状、发展前景及效益，对长柄扁桃资源化利用技术和产业化发展提出建设性建议。本书内容丰富，注重理论与实际应用的结合，根据项目组在陕西省榆林市进行的长柄扁桃栽植培育、生态修复、产业化开发等方面的研究成果与经验，总结长柄扁桃的标准化栽培与管理模式及对不同污染地区的生态改善作用，系统性地提出了长柄扁桃的资源化利用途径，提炼出在典型沙生植物的资源开发利用实践中取得的成功的经验和技术模式，为我国长柄扁桃的产业化栽植和生态环境的保护与改善提供重要参考。

本书可作为农林院校科研、教学的参考用书，并且可以作为广大果农、基层果树技术人员和果树资源化技术研究人员的培训及参考用书。

图书在版编目 (CIP) 数据

长柄扁桃资源开发利用/张应龙等编著. —北京：科学出版社，2020.6
ISBN 978-7-03-065092-4

Ⅰ. ①长… Ⅱ.①张… Ⅲ. ①扁桃-果树园艺-研究 Ⅳ.①S662.9

中国版本图书馆 CIP 数据核字(2020)第 080525 号

责任编辑：张会格 岳漫宇 / 责任校对：郑金红
责任印制：肖 兴 / 封面设计：刘新新

科学出版社 出版
北京东黄城根北街 16 号
邮政编码: 100717
http://www.sciencep.com

北京汇瑞嘉合文化发展有限公司 印刷
科学出版社发行 各地新华书店经销
*
2020 年 6 月第 一 版 开本：720×1000 1/16
2020 年 6 月第一次印刷 印张：6 3/4
字数：136 000

定价：128.00 元

(如有印装质量问题，我社负责调换)

《长柄扁桃资源开发利用》编著者名单

主要编著者：张应龙　榆林沙漠王生物科技有限公司

申烨华　西北大学

王　伟　中国林业科学研究院

宋进喜　西北大学

郑纪勇　西北农林科技大学

其他编著者：许新桥　中国林业科学研究院

李　聪　西北大学

刘永军　西安建筑科技大学

李　琦　西北大学

王伟泽　西北大学

尚文宇　榆林沙漠王生物科技有限公司

张　驰　榆林沙漠王生物科技有限公司

陈　邦　西北大学

唐　斌　西北大学

李明月　西北大学

序

土地沙化是我国最突出的生态问题，全国约有 4 亿人口深受其害。目前，我国土地沙化面积约占国土面积的 17.93%左右。防沙治沙是关系到国家生态安全和沙区人民切身利益的头等大事。党的十八大明确提出要“加大自然生态系统和环境保护力度”，进行土地沙漠化防治显得更为重要。陕北地处黄土高原的中心部分，不仅沙漠化土地面积大，而且沙漠化程度也较高，这种严峻的自然环境条件严重影响了能源基地的可持续发展。但是，沙漠不全是寸草不生的，沙漠里也有片片绿洲呈现着生机。生活在沙漠里的这些植物被称为沙生植物。因此，尊重“适者生存”生态学规律，开发利用本土适生沙生植物进行沙漠绿化、治理土地沙化是解决陕北乃至国家能源化工基地重大生态问题的现实需求，具有十分重要的现实意义。

为了实现陕北土地沙漠化防治，以及解决陕北能源化工基地后续经济可持续发展问题，科技部于 2012 年设立了“陕北能源化工基地生态修复惠民工程”项目，由榆林沙漠王生物科技有限公司、中国林业科学研究院、西北大学、西北农林科技大学、西安建筑科技大学五家单位共同完成。该项目在全国劳动模范张应龙在神木市实施造林固沙绿化的 40 余万亩[①]基地的基础上，以防风固沙的优良树种也是具有重要开发利用价值的资源植物——长柄扁桃为主要研究对象，建立了 10 万亩长柄扁桃丰产林示范区，进行了栽培、生态修复与资源化利用研究，最终成果编写成为书籍《长柄扁桃栽培与资源化利用》。该书详细论述了长柄扁桃的分布现状、植物学特性及利用价值；探讨并提出了种苗繁育、栽培、病虫害防治、模式化管理等关键技术的理论、方法与措施；将长柄扁桃从一种野生植物开发为经济治沙植物，研发了长柄扁桃油、蛋白粉、活性炭等一系列经济产品，系统性地提出了长柄扁桃的资源化利用途径，在典型沙生植物的资源开发利用实践中取得了成功的经验和技术模式。

---

① 1 亩=667m^2，下同。

该书结构合理、逻辑清晰、理论与实践结合紧密、内容简洁实用，为研究沙漠治理产业化及可持续发展提供了可靠的技术支持，对治理沙漠、改善生态环境质量、发展食品和能源工业具有重大意义。该书不仅可作为农林院校科研、教学的参考教材，也可以作为广大果农和基层技术人员的培训及参考用书。

2020 年 5 月

前　言

改革开放以来，我国经济发展迅速，如今已跃升为世界第二大经济体。高兴之余我们不禁深思，经济的高速发展带来资源的大量消耗，加之人口增长，环境问题愈发凸显，将严重制约我国经济的可持续发展。党的十八大明确指出要“加大自然生态系统和环境保护力度”。正视环境问题，改善生态环境，是我国走可持续发展道路应有的态度和行动。

陕北地处干旱半干旱区，常年干旱少雨，人们对煤炭资源的过度开采利用使原本脆弱的生态系统不堪重负，生态环境持续恶化。为此，科技部2012年设立“陕北能源化工基地生态修复惠民工程”项目，旨在探索生态修复新模式，实现土地沙漠化防治，解决土地沙化区相关民生问题。此项目由榆林沙漠王生物科技有限公司、中国林业科学研究院、西北大学、西北农林科技大学、西安建筑科技大学五家单位历时6年共同完成，项目成果显著。

本书是“陕北能源化工基地生态修复惠民工程”项目的集成成果。本书首先就长柄扁桃的分布、植物学特性、利用价值及发展前景做了简要描述；针对长柄扁桃现状及推广存在的问题，对长柄扁桃的繁育、栽培及病虫害防治等关键技术方面做了理论探讨，并提出具体解决措施；为在不同类型区开展以种植长柄扁桃为主的生态恢复，分别选取风沙区、黄土区、煤矿塌陷区为研究区，详述了长柄扁桃在不同类型区的模式化管理方式；最后，本书阐述了以长柄扁桃为原料的产品开发及加工技术，包括长柄扁桃油、蛋白粉和活性炭等。

西北大学的宋进喜教授、李琦副教授、王伟泽硕士、唐斌硕士、李明月硕士参编了第一章，并对本书进行统稿；中国林业科学研究院的许新桥研究员、王伟博士参编了第二、三、四、五章；西北农林科技大学的郑纪勇副研究员，西安建筑科技大学的刘永军教授参编了第四、六章；榆林沙漠王生物科技有限公司的张应龙总经理、张驰、尚文宇参编了第四章；西北大学的申烨华教授、李聪高级工程师、陈邦高级工程师参编了第七章。

在本书编写过程中，邵明安院士欣然为本书作序，并为本书的编写和提升提出了宝贵意见，在此表示诚挚的感谢。同时，本书的编写和出版得到了许多单位、专家及同行的大力帮助，在此一并衷心感谢！

编写本书，一方面是对国家科技部惠民项目“陕北能源化工基地生态修复惠民工程”的研究成果作一个总结，另一方面是为治理沙漠、改善生态环境质量、发展食品和能源工业提供科学指导。限于作者水平，书中难免有不足之处，热切希望各位读者不吝指正。

编　者

2020年5月

目　录

第一章　绪　　论

第一节　长柄扁桃区域分布

扁桃的栽培历史距今已有约6000年，伊朗、土耳其等国早在公元前4000多年前就开始了扁桃的驯化与栽培。公元前450年，扁桃由希腊途经地中海沿岸传播至欧洲各国。目前扁桃的栽培遍及美国、西班牙、葡萄牙、突尼斯、意大利、法国、以色列、伊朗、印度、中国、阿富汗、澳大利亚、南非好望角等32个国家和地区，其中美国的栽培面积及产量居世界之首（李疆等，2002）。丰产优质扁桃品种的选育及应用于栽培生产是在19世纪后期，因此可以认为世界扁桃的育种、栽培、生产经营及科研活动仅有150多年的历史。我国扁桃栽植始于唐朝，经丝绸之路引种长安，沿途新疆、甘肃、宁夏、陕西均有栽植，后因战乱及内地湿度过高而在关内绝迹（张建成和屈红征，2004）。明李时珍《本草纲目》中称："巴旦杏出回回旧地，今关西诸土亦有"，巴旦杏即扁桃，源于波斯语Badam。扁桃种类众多，在我国有普通扁桃、唐古特扁桃、蒙古扁桃、矮扁桃、榆叶梅和长柄扁桃等6个种，其中长柄扁桃因其具有巨大的经济社会价值和生态环保效益而日益受到政府机构和科研人员的关注（罗树伟等，2010）。

一、长柄扁桃概述

长柄扁桃又称野樱桃、柄扁桃、毛樱桃，属蔷薇科（Rosaceae）桃属（*Amygdalus*）扁桃亚属（*Amygdalus*），落叶灌木。长柄扁桃的命名源自Nov. Act. Acad. Sci. Petrop. 7：353. 1789，其拉丁名为*Amygdalus pedunculata* Pall.。在国内，《内蒙古植物志》将其收录在内（马毓泉，1985），俞德浚（1979）也将其收录在《中国果树分类学》中，《中国植物志》第38卷第15页中有对长柄扁桃详细的植物学描述。

野生长柄扁桃在1996年被中国濒危植物保护协会列入"稀有濒危植物名录"，保护批号为2，保护级别为Ⅰ级（雷根虎等，2009）；1998年被列入"陕西省地方重点保护植物名录"的第一批濒危植物。我们通过大量的采集工作，对长柄扁桃的分布、资源量、用途、生存状况等进行了全面详细的调查，加强了对长柄扁桃受威胁情况、濒危程度和致危原因的研究。

二、长柄扁桃生长环境

植物生长与环境是一个矛盾的统一体，两者相辅相成、相互制约。了解植物与环境之间的相互关系，特别是对生态环境因子的适应范围，是指导引种、选育新品种、适地适栽、适生区划、栽培技术制定、提高植物（尤其是具有经济价值的植物）质量和产量、保持生态相对平衡，以及提高经济、社会和生态综合效益的基本理论与实践依据（慕宗杰，2013）。

长柄扁桃耐干旱、瘠薄，喜透气、肥沃的沙壤土。长柄扁桃适应性强，在沙土、沙砾土、黄土，甚至在沙漠地带、土石山区中也能正常生长。在坚实、贫瘠的土壤上生长不良，种仁不饱满，施有机肥提高肥力和改善土壤理化性质可提高坚果品质。长柄扁桃不耐涝，中度黏重土壤地需及时排涝、施有机肥改善土壤。易积水的涝洼地、过度黏重土壤地，易发生根部腐烂，致使树体落叶，甚至死亡。

长柄扁桃树喜光，根系发达，耐旱；叶片结构致密，耐高温，炎热环境中仍可生长良好；长柄扁桃花期较晚，在榆林地区 4 月中旬开花，可以避开春季倒春寒。

调查发现，长柄扁桃分布区的海拔一般为 1200～1300m，年日照时数 2700～3300h，最高气温 38.9℃，最低气温–32.7℃，年平均温度 7.0～11.0℃，年降水量一般为 330～450mm，且 94.27%集中在 8 月、9 月，年蒸发量为降雨量的 4～8 倍，≥10℃年积温 2880～4000℃，无霜期一般为 180～220 天，年≥8 级风的天数为 80 天左右，年均风速 2.2～2.7m/s，最大风速 28m/s，多以西北风形式在冬、春季节出现。长柄扁桃适生区年平均气温 7.8℃以上，无霜期 169 天以上，年平均日照 2876h 以上，年降水量 200mm 以上。长柄扁桃抗风力较强，适宜在光照充足的缓坡生长，地势影响着温度、光照和风速、风向，种植长柄扁桃要避开风口和迎风地带这样易遭受寒流及大风侵袭的地方；也要避开背光沟谷和洼地光照不足的地方，这里冷空气容易聚集，形成辐射霜冻；平地种植长柄扁桃要做好防风害工作，要注意选择地势有利地块和小气候条件好的地块。

三、长柄扁桃分布

长柄扁桃自然分布于北纬 35°～45°的暖温带、中温带地区，其分布的地区夏季气候干热、少雨，冬季寒冷，降水多集中在春秋两季，平均年降水量 330～450mm。由于其适应性和抗逆性强，可以生长在 3790～4000m 的高山地带，可以忍受–31℃的低温，在干旱、贫瘠的土石山区和沙区多有分布（张建成和屈红征，2004）。国外有关野生长柄扁桃分布的记录较少，只在蒙古和俄罗斯西伯利亚有分布记录。国内长柄扁桃多分布在毛乌素沙地、浑善达克沙地等半干旱沙地和阴山山脉的土石山区，隶属于我国北方 200～400mm 降雨分布带的半干旱地区。据近几年的实地调查发现，其分布带主要有 3 个：一个是内蒙古的阴山山脉的大青山、乌拉山山系的土石山区，以内蒙古包头市固阳县、乌拉特前旗分布较集中；二是毛乌素沙地，从内蒙古鄂尔多斯市乌审旗到陕西北部长城沿线的沙地，其中在榆林的榆阳区和神木市分布较为集中；三是浑善达克沙地西北部及西部，以内蒙古锡林郭勒盟苏尼特右旗分布比较集中（许新桥和褚建民，2013）。目前长柄扁桃野生林在毛乌素沙地东南的秃尾河源区和榆阳区北部有少量发现，其中榆阳区共有原始长柄扁桃天然林 3 万亩，秃尾河源区沙漠中约有 3000 余亩。

2011 年，国家林业局批准陕西省榆林地区百万亩长柄扁桃基地建设项目，在榆林已完成 30 万亩长柄扁桃生态经济林基地建设，在神木县生态保护建设协会（榆林沙漠王生物科技有限公司）的治沙基地完成 12 万亩长柄扁桃试验示范生态经济林建设。

第二节　长柄扁桃利用价值

一、长柄扁桃生态价值

长柄扁桃耐干旱、耐瘠薄能力极强，分布区域较广，是沙区和半干旱土石山区生态治理的优良适生树种。其根系发达，主根可深入土层 70～80cm，根长达到近 30m，二年生的植株水平根的分布超过树冠范围；萌蘖能力强，枝条稠密，抗病虫害，在水分胁迫和寒冷条件下，长柄扁桃体内的抗氧化物酶活性显著提高，说明该树种具有很强的抗旱、抗寒能力（郭改改等，2013）。长柄扁桃的植物学特点造就了其防风固沙的生态价值，可作为荒山造林和治沙造林的先锋树种。沙漠地区土地生产能力低下，不适合农业生产，利用沙区大量荒地资源发展栽植长柄扁桃可以把沙漠的土地劣势转变为优势，促进改善沙区生态环境，走可持续发展的道路。

同时，我国是一个矿产资源丰富、资源开发能力较强的国家，矿产资源的长期开采对矿区的生态造成了极大的破坏，引发一系列环境问题，已经成为可持续发展的主要障碍。截至 2010 年我国矿区土地破坏面积已经达到 200 万 hm^2，并且还在以每年 20 万 hm^2 的速度加剧（黄万新，2000）。榆林地区是我国重要能源化工基地，主要为北京、上海等大中型城市输送能源，该地区对矿产资源长期开发的同时，造成了难以挽回的生态损失。随着人们对环境问题的重视及国家能源战略的改变，大规模栽植长柄扁桃并开发利用生物能源成为目前改善矿区生态环境、缓解资源紧缺的重要途径。

二、长柄扁桃经济价值

针对长柄扁桃资源如何进行合理开发利用的问题，陕西省做了大量的工作，主要是对长柄扁桃的果仁、果肉、果壳等进行分析，从研究和分析的情况来看，不论是果仁，还是果肉、果壳，都具有一定的医用、食用价值，同时还是生产生物能源难得的原料（申烨华等，2014）。

2012 年 4 月，由陕西省科技厅等单位主持，来自化工、环境、食品、林学、能源等方面的专家，对西北大学和神木县生态建设保护协会共同研究多年的“长柄扁桃综合开发及其沙漠治理应用”项目研究所取得的阶段性成果进行了鉴定。与会专家一致认为“该研究成果将长柄扁桃从一种野生植物开发为经济治沙植物，为沙漠治理产业化及可持续发展提供可靠的技术支持。以长柄扁桃为原料开发食用油、生物柴油等研究工作为国际首创，项目总体技术达到国内领先水平”。

目前已有研究发现长柄扁桃仁中含有 3.2%的苦杏仁苷，它是医药业的重要原料，在平喘止咳、润肠通便、抗肿瘤、增强免疫力、抗溃疡、镇痛等方面可以起到重要作用。长柄扁桃仁中粗蛋白含量为 21.43%，含有 18 种氨基酸，其中的 8 种人体不能合成的必需氨基酸占到氨基酸总量的 29.17%（许新桥和褚建民，2013）。而且富含对人体健康有益的微量元素，如 K、Ca、Mg、Fe、Zn、F 等，对人体的生长发育、骨骼和牙齿的健康都有重要意义（许新桥等，2015）。同时，长柄扁桃油中不饱和脂肪酸总量高达 98.1%（任杰和申烨华，2014），居植物油之首，油酸、亚油酸和亚麻酸含量分别为 66.5%、29.9%和 0.8%，三种成分的比例与素有“食用植物油皇后”美称的橄榄油相当，优于核桃油、花生油和玉米油等（刘德晶，2015）。2013 年 11 月，国家卫生和计划生育委员会正式公布长柄扁桃油被批准为新食品原料，为食用油市场提供了一种新型原料，标志着长柄扁桃在未来具有较大的实用价值。另外，长柄扁桃的果肉、果壳等都是利用价值比较高的副产品，可以生产保健食品，制备高吸附性能的活性炭，延长围绕长柄扁桃生产和加工的产业链（申烨华等，2014）。长柄扁桃叶水提物对扁形动物寄生虫——指环虫具有良好的杀灭作用，但对实验动物几乎无毒，可开发为无公害植物杀虫剂（田渭花等，2009）。同时，随着基地建设规模的扩大，长柄扁桃油可被加工、利用、开发为生物柴油等绿色环保能源，可弥补能源紧张现状，为人类生产生存拓展空间。

三、长柄扁桃社会价值

长柄扁桃的开发利用不仅增加了农民收入，而且提高了农民对沙地林保护的积极性。此外，常年的野生林区域，通过腐殖质的作用，加快了土壤改良速度，使沙地转化为可利用的耕地（焦树仁，1989），同时，对于地方产业结构优化升级、扩大社会就业、繁荣地方经济有积极的促进作用（梅立新等，2014）。长柄扁桃病虫害较少，种子熟透后自然脱落，只需在地上归拢就可直接收获，与沙棘等植物相比更便于大面积种植管理。农民在荒沙地区种植长柄扁桃，可以在几十年的时间内获得可观而稳定的经济收入。

2012 年，“榆林沟掌村科学治沙用沙合作社”成立，将基地栽培的长柄扁桃划分区域，由当地农民承包管理，果实归农民所有，吸引了大批沙漠原住民返乡创业，为人民群众稳定、和谐、幸福的生产生活提供了新途径。同时，半个多世纪“征沙治土”的艰辛历程中，榆林的英雄儿女与自然抗争，提炼出了以“努力奋进、坚韧不拔”为内涵的独具榆林地域气质的“治沙精神”（吕学斌，2016）。在干旱少雨、沙尘频发、生态脆弱的自然条件下，榆林人民数十年如一日，与风沙拼搏，和荒山战斗。通过几代人持之以恒的艰苦奋斗，榆林人为改变恶劣的生态环境而不懈努力，治沙规模和治土效益尤为显著，涌现出来一大批治沙治土英雄和劳模，在这块生态脆弱的土地上开展了许多创造性的生态建设工程。

弘扬和培育榆林精神，是提高每一位榆林人综合素质的现实要求。一个地区的发展，不仅取决于经济、科技、文化发展及资源开发与生态保护水平，还取决于当地人民的综合素质。榆林精神是榆林人综合素质的有机组成部分和集中体现。在长柄扁桃的栽培和开发利用过程中，努力奋进、坚韧不拔的榆林精神能产生巨大的力量，发挥不可估量的作用。弘扬和培育榆林精神，是不断增强榆林在社会和市场中的竞争力的要求。有没有一种基于地方传统且具有开拓性的精神、切合实际的号召力和凝聚力，是衡量一个地区综合发展力的重要尺度。榆林精神作为榆林文化的精髓，具有凝集和动员榆林全社会力量、展示榆林形象的重要功能，培育和弘扬榆林精神，是提升榆林社会与经济竞争力的重要保证。

第三节　长柄扁桃发展现状及前景

一、长柄扁桃发展现状

2007 年 12 月，农业部与财政部联合启动了现代农业产业技术体系建设试点工作。围绕产业发展需求，进行共性技术和关键技术研究、集成和示范；以农产品为单元，产业为主线，建设从产地到餐桌、从生产到消费、从研发到市场各个环节紧密衔接、环环相扣、服务国家目标的现代农业产业技术体系，提升农业科技创新能力，从而增强我国农业竞争力。但由于对现代农业产业技术体系的认识和研究还处于初级阶段，截至 2008 年底，共启动建设 50 个现代农业产业技术体系并设置 50 个产业技术研发中心。尽管长柄扁桃产业发展时间较晚，但发展速度很快。2011 年，国家林业局批准陕西省榆林地区百万亩长柄扁桃基地建设项目。2014 年，中陕核工业集团公司和神木县生态协会合作共建的毛乌素治沙造林基地正式揭牌，现有面积 15 万亩、规划达百万亩的长柄扁桃种植区，成为目前我国面积最大的长柄扁桃种植示范区。在全国进行现代农业产业技术体系建设的大背景下，长柄扁桃作为区域农业经济的新增长点，从全局性、区域性、基础性和前瞻性来看，构建长柄扁桃产业技术体系的任务十分关键，解决长柄扁桃从产地到餐桌、从生产到消费、从研发到市场各个环节的各种问题，对促进陕西省农业结构升级、推动长柄扁桃产业又好又快发展都具有重要意义。

长柄扁桃在陕西省榆林地区属典型的乡土树种，据调查，榆林市的神木市和榆阳区有长柄扁桃天然分布超过 1300hm^2，天然种质资源 4～5 个品种（蔡建东和刘冬林，2012）。三北防护林四期工程建设以来，榆林市加强长柄扁桃资源保护，并将长柄扁桃的开发与研究紧密结合起来，在采种育苗、旱栽技术、产业研究、技术推广、丰产栽培、产品转化等方面与科研院所进行合作，目前已完成了从育苗到大面积栽植、从单一的油料到生物柴油的转化，以及其他围绕长柄扁桃的副产品等产业链的深入研究与开发，取得了一系列的生产和科研成果。2011 年经国家林业局批复，在榆林发展“百万亩长柄扁桃基地建设项目”，并在建设资金、科技支持等方面给予一定的倾斜。陕西省把长柄扁桃纳入重点区域建设，在任务安排上予以保证，榆林市以及项目建设有关县区自筹资金，加大对基地建设资金的投入。目前，榆林市在荒沙地共完成基地建设约 13 000hm^2。

在小纪汗乡“马尔讨圪崂沙”，由于没有建立自然保护区，也没有专门的管理机构，长柄扁桃保存情况不容乐观，人畜毁坏现象时有发生，严重威胁着长柄扁桃的生长（李瑛，2014）。为此，榆阳区政府决定以保护为核心，积极保护，科学经营，适度开发，合理利用，充分发挥保护、科研、教育、旅游、种养业五种功能，在保护、恢复重建生态环境，增加资源的前提下，建立陕西马尔讨圪崂长柄扁桃自然保护区，保护面积达 10 万亩（李瑛，2014）。榆阳区林业局在 2016 年林业工作生产要点中明确，要搞好马尔讨圪崂长柄扁桃自然保护区不同品种繁育和丰产栽培试验研究，并对神木长柄扁桃科技开发中心进行资金和技术支持，加快新产品的研制与开发。

二、长柄扁桃发展前景

2016 年，国家林业局正式印发《林业发展“十三五”规划》。在林业产业发展方面，长柄扁桃被确定为“十三五”期间重点建设的木本油料品种之一（申烨华等，2016），这标志着长柄扁桃产业发展站在了新的起点上。发展长柄扁桃必须构建长柄扁桃产业化技术体系，需要从扁桃生产技术体系、扁桃科研体制改革、扁桃企业技术创新、农业合作社推广发展和扁桃信息化平台建设五方面着手，分别对应长柄扁桃产业技术的生产、加工、推广及发展，构成有机联系的长柄扁桃产业技术体系。

（一）加快扁桃生产技术体系建设

立足区域资源优势，发展具有市场前景和市场竞争力的特色扁桃产品。加速优势种、新组合选育工作，建立扁桃种质资源库和良种生产基地，开展良种保护利用及规模化繁育技术研究，提供符合市场需要的扁桃产品，发展优质、高产、高效的品种格局。引进和开发扁桃相关产品的深加工技术，开发扁桃加工先进技术装备及安全监测技术，推动加工原料基地建设，加快贮存、加工和储运技术研究，大幅度提高以绿色健康环保为核心的扁桃加工产业，加大对特色产品的保护力度，推行原产地标识制度，完成扁桃资源优势向商品优势、经济优势和品牌优势的转化。加强区域扁桃合作示范区建设，进一步制定优惠政策，吸引更多拥有先进技术和资金的企业参与进来。建设扁桃农业技术、新品种推广中心，加快良种引进繁育中心和示范推广基地的建设，并对其基础设施建设、高新技术项目给予资金支持和政策倾斜。

（二）深化扁桃科研体制改革

改变扁桃产业科技投入，从一般项目支持逐步转变为对产业关键技术研究与开发的支持，逐步改革扁桃科研经费的投入方式，强化科研项目考核和跟踪管理制度，提高科研资金的使用效率和科研成果的效益，强化扁桃科研在不同科研机构间的专门化分工。构建和完善科研激励体系。变革用人制度，创造有利于人才竞争与流动的良好环境；鼓励赋予科技精英持股权，使其参与利润分配，使人才优势和科技优势有效转化为经济优势（杨艳，2012）；推进专业技术人才管理制度，以推行聘用制和岗位管理制度为重点，完善按需设岗、竞聘上岗、以岗定酬的职务聘任机制。由政府牵头组成科技工作领导小组，建立部门间的定期沟通协调机制，明确各自的职能分工，避免重复投入资金，有效整合科技资源，集中力量攻克重点、难点项目。

（三）推动扁桃企业技术创新发展

建设农业企业现代化管理制度，增强扁桃企业技术创新内在驱动力，进一步推动扁桃企业成为技术创新的主体。尽快建立企业技术创新与成果转化的应用体系，强化政府在扁桃农业技术创新中的引导作用。积极引导社会资源对扁桃农业企业创新活动的投入，贯彻落实税收优惠，鼓励龙头企业研究开发新产品、新技术、新工艺。引导农业企业加大科技投入，研究建立全方位的技术创新投入资金保证体系和技术创新投资的风险与担保机制，支持企业开展技术创新活动。通过政策、项目、财政、税收、金融等手段，促进扁桃企业与高等院校、农业科研院所等研究机构之间的合作，坚持产学研相结合的发展道路，建设扁桃产业高新技术的开发示范和推广基地。

（四）强化农业合作社推广发展

建设以农业合作社为主体的技术培养基地，是向农民推广扁桃相关技术的重要方式。要高度重视农业合作社成员技术培训，积极开展实用技术的培训工作。鼓励各级各类科研人员和农技推广人员到农业合作社兼职或担任技术顾问，允许按贡献大小从农业合作社取得相应报酬。积极探索和发展“公司+农业合作社+农户”的新型产业化组织形式，依靠现有扁桃农业合作社，支持农民入股龙头企业，鼓励企业聘用农民为工人，促进农民向股东和龙头企业工人双重角色转变。将分散经营和区域产业化生产有机结合起来，激发农民群众的积极性，促进农民和龙头企业双赢。进一步扩大财政专项扶持资金的规模，增加支持项目和培训，进一步落实国家的财政、税收优惠政策，以及委托合作社承担农村经济扶贫建设项目的规定，促进农业合作社的发展。

（五）推进扁桃“互联网+”信息化建设

2016 年中央一号文件指出，“大力推进‘互联网+’现代农业，应用物联网、云计算、大数据、移动互联等现代信息技术，推动农业全产业链改造升级”（孙长征，2005）。“互联网+”代表着现代农业发展的新方向、新趋势，也为转变农业发展方式提供了新路径、新方法（王沛栋，2016）。“互联网+农业”是一种生产方式、产业模式与经营手段的创新，通过便利化、实时化、物联化、智能化等手段，对农业的生产、经营、管理、服务等农业产业链环节产生了深远影响，为农业现代化发展提供了新动力。以“互联网+农业”为驱动，有助于发展智慧农业、精细农业、高效农业、绿色农业，提高农业质量效益和竞争力，实现由传统农业向现代化农业转型（陈定洋，2016）。因而，在信息化快速发展的大背景下，加强扁桃产业“互联网+”信息化建设，可以有效改善和提高扁桃产业技术的供给及服务方式。利用网络技术加快产业的发展，让更多相关群体参与到技术创新和技术推广中来。以推进产业技术创新研发和推广为落脚点，建设相应的网络管理平台，制定与产业信息化相关的技术标准和规范，逐步形成较为完善的产业技术信息化制度，从而有效发挥信息化网络平台的作用。

三、长柄扁桃发展面临的主要问题

（一）管理体制方面

目前针对长柄扁桃农产品，2014 年国家林业局依托陕西省治沙研究所、西北大学和陕西省榆林市沙漠王生物科技有限公司联合建立了长柄扁桃工程技术研究中心，包括品种选育、标准化栽培、资源加工利用、科技推广等环节。但是产业体系内涉及各级行政管理部门、教育部门、科研单位和企业，虽然初步克服了农业科研资源条块分割、分散重复等问题，但对于如何解决管理体制具体执行时存在的问题还在不断摸索中，没有明确的规章制度进行参照，很多任务都是在当地政府的支持下进行的，执行力度与政府的工作重心相关，因此存在很多不确定性。

（二）农业人才培养方面

综合性农业应用技术和示范推广型人才缺乏。提高农业效益需要良种加良法的配套，要求科技人员既是一名业务上的专家，又是一名既能示范又能推广的多面手和实践家。但目前由于长柄扁桃产业刚刚起步，缺少配套人才和相应的经费支持及相关的政策激励，因此很难满足农民对先进实用技术的需求。

（三）社会化服务体系薄弱

农业信息资源少，农民对农产品市场信息了解少，常导致农业结构调整无法及时满足市场需求（王振惠，2001）。农村金融服务不完善，金融机构或网点在农村很少，无法满足农业生产要求。农业保险服务发展缓慢，无法降低农业自然风险（孙志博，2010）。农业科技推广服务体系薄弱，导致农业科研成果转化为生产力的速度缓慢，产业化转化速度很慢（李颖，2015）。

（四）产业化配套技术发展缓慢

农业产业化发展速度的快慢，与其产业化配套技术是否完善有着十分密切的关系（李小平，2014）。虽然与长柄扁桃产业相关的行政管理单位及神木生态建设协会已经在长柄扁桃技术、品种、信息、市场、标准等方面进行了指导，但由于农民受教育程度低，配套技术不完善，导致目前技术创新、农机开发及产业链延伸受到影响。

（五）产业信息化方面的空白

在信息化快速发展的今天，各类产品实现电商、微商化，信息化发展关乎农产品的未来（王宇，2016）。然而新成果自身难以转化，产业信息化程度不高，难以实现创新成果转化为现实生产力。农业部门和企业都拥有各自的信息资源，信息庞杂且共享程度不高，导致各级、各类行政管理和企业网站存在信息重复、归类不合理、查询麻烦等问题，创建地区品牌，需要共享信息资源并对其进行统一整合开发。同时，各类网站绝大多数都还停留在信息发布的功能上，有的网站甚至只有框架，没有实质性内容。

目前，政府综合门户网站的建设质量较好，而各级各类行业网站的建设相对比较薄弱，特别是大型的产业化网站数量很少且信息质量不高。网站提供的信息缺乏系统性、完整性、准确性和及时性，信息内容单调，使用价值和实用价值低，用户获得有效信息困难。

参 考 文 献

蔡建东, 刘冬林. 2012. 关于榆林市长柄扁桃基地建设及产业发展情况的思考[J]. 榆林科技, (3): 35-37.

陈定洋. 2016. 智慧农业: 我国农业现代化的发展趋势[J]. 农业工程技术, 36(15): 29-30.

郭改改, 封斌, 麻保林, 等. 2013. 不同区域长柄扁桃抗旱性的研究[J]. 植物科学学报, 31(4): 360-369.

黄万新. 2000. 煤矿土地资源的管理[J]. 中国煤炭工业, (9): 25.

焦树仁. 1989. 沙地人工林凋落物, 腐殖质及微生物的研究[J]. 东北林业大学学报, (4): 10-17.

雷根虎, 刘丽婷, 韩超, 等. 2009. 沙地濒危植物长柄扁桃仁中维生素 E 含量分析[J]. 西北大学学报: 自然科学版, 39(5): 777-779.

李疆, 胡芳名, 李文胜, 等. 2002. 扁桃的栽培及研究概况[J]. 果树学报, 19(5): 346-350.

李小平. 2014. 发展农业合作经济与产业化的关系[J]. 北京农业, (24).

李瑛. 2014. 榆林长柄扁桃现状及发展[J]. 现代园艺, (4): 24-25.

李颖. 2015. 陕西新型农业科技推广服务体系构建研究[D]. 陕西科技大学硕士学位论文.

刘德晶. 2015. 长柄扁桃的产业化前景分析[J]. 中国林业产业, (2): 56-59.

罗树伟, 郭春会, 张国庆, 等. 2010. 沙地植物长柄扁桃光合特性研究[J]. 西北农林科技大学学报(自然科学版), 38(1): 125-132.

吕学斌. 2016. 勇于担当使命 继承发扬榆林“治沙精神”[N]. 榆林日报, 2016-07-30(005).

马毓泉. 1985. 内蒙古植物志[M]. 呼和浩特: 内蒙古人民出版社.

梅立新, 刘文倩, 魏钰, 等. 2014. 中国扁桃资源与利用价值分析[J]. 西北林学院学报, 29(1): 69-72.

慕宗杰. 2013. 固沙植物的生态适应性及与其生长环境间的相互关系[J]. 畜牧与饲料科学, (12): 49-51.

任杰, 申烨华. 2014. 沙漠中的野樱桃[J]. 科学中国人, (21): 52-55.

申烨华, 李聪, 陈邦, 等. 2014. 沙生植物长柄扁桃高值综合利用[C]//中国化学会第 29 届学术年会摘要集——第 40 分会: 化学与农业.

申烨华, 李聪, 陈邦. 2016. 油料植物高效创新利用及荒漠治理新模式[C]//中国化学会第 30 届学术年会-论坛三: 化学与农业交叉论坛.

孙长征. 2005. 公司+农业合作社+农户的运作模式[J]. 中国蔬菜, 1(5): 2.

孙志博. 2010. 新农村建设中农村金融服务的困境与选择[J]. 郑州航空工业管理学院学报(社会科学版). 29(3): 200-202.

田渭花, 王高学, 李聪, 等. 2009. 长柄扁桃叶杀灭指环虫活性部位的研究[J]. 广州化工, 37(2): 70-73.

王沛栋. 2016. “互联网+”助推现代农业发展的四个维度[J]. 农家参谋, (5): 6-7.

王宇. 2016.农产品微商的困境与出路[J]. 中国管理信息化, 19(19): 155-156.

王振惠. 2001. 农业结构调整三策[J]. 福建通讯, (11): 43-44.

许新桥, 褚建民. 2013. 长柄扁桃产业发展潜势分析及问题对策研究[J]. 林业资源管理, (1): 22-25.

许新桥, 王伟, 褚建民. 2015. 毛乌素沙地长柄扁桃 31 个优良单株坚果核仁脂肪酸组成变异分析[J]. 林业科学, 51(7): 142-147.
杨艳. 2012. 企业专业技术人员参与利润分配研究[D]. 湘潭大学博士学位论文.
俞德浚. 1979. 中国果树分类学[M]. 北京: 农业出版社.
张建成, 屈红征. 2004. 扁桃的栽培利用及其发展前景[J]. 河北果树, (1): 4-5.
中国科学院中国植物志编辑委员会. 1986. 中国植物志. 第三十八卷[M]. 北京: 科学出版社.

第二章　植物学特性

第一节　长柄扁桃年周期生长发育特性

长柄扁桃生长发育的年周期是从萌芽、生长、开花、结果、到落叶休眠。遵循这种井然有序的生长发育变化规律。了解其年周期变化规律，是正确制定管理措施的重要依据。

一、萌芽与开花

从芽体膨大到开花结束为萌芽开花期，此期间叶芽萌发，幼叶分离生长。据物候观察，此时期可细分为以下 7 个时期。

1. 芽膨大期

花芽膨大，鳞片裂开。

2. 露白期

花蕾膨大长出萼片外，但未展开。

3. 始花期

5%的花蕾开放。

4. 盛花期

25%～50%花蕾开放。

5. 盛花末期

95%花蕾开放。

6. 终花期

花蕾全部开放，少数花瓣掉落。

7. 落花期

大部分花瓣掉落，基本落尽。

不同长柄扁桃种质资源花期差异较大，按开花时期早晚，可以分为早花、中花和晚花三类，早花种类较多，中花少，晚花更少。早中晚花，累计花期可达 50 天。

长柄扁桃的花期除与种质资源的特性有关，还受到环境的影响，尤其是温度和湿度的影响。当气候干燥时，萌芽、开花延续时间短，反之延续时间延长。由于气候变化的差异，每年开花日期、花期持续时间各不相同。

二、授粉与受精

长柄扁桃花为虫媒花。花自交不亲和，需要异花授粉。亲和的花粉授粉后可结实，不亲和的花粉即使授粉也不能结实。因此生产上需要配置适宜的授粉树。根据长柄扁桃异花授粉的特性，栽植时应选择花期相遇、授粉亲和力强、花粉粒大、散粉量多、生命力强的种质作为授粉树。在露白期长柄扁桃的花柱已有一定的可授性，到盛花期可授性逐渐增加并达到最高。花粉活力与花柱的可授性几乎是同步变化的，也是在盛花期达到最高。

三、枝条生长

枝条伸长生长从叶芽萌发开始到新梢顶端形成新顶芽而停止，生长开始期因生长部位、光照条件而不同，常分为以下 3 个时期。

1. 开始生长期

叶芽展叶，叶面积增大，新枝生长不明显，此期 15 天左右。

2. 急速生长期

新枝明显延伸和增粗，枝上新叶展开和长大。此期 30 天左右。

3. 生长终止期

生长逐渐变慢，直至终止，枝条组织逐渐充实，最终形成顶芽。

长柄扁桃结果树的营养枝生长往往不明显，一般每年只有一次生长高峰，主要集中在 4～5 月，以后逐渐终止生长。结果少的树，在水、肥条件具备的情况下，会继续生长，会出现二次甚至三次生长高峰。

按枝条萌发时期，长柄扁桃有春梢、夏梢和秋梢。春梢是春季萌发生长的一次枝；夏梢较少，结实量低的植株才比较常见，通常是春梢的二次或三次延长枝或营养枝的副梢；秋梢常见于结实量低，或落果后肥水条件充足的地区，因秋梢生长周期短，一般组织发育不充分，极易在落叶后、下一生长周期萌动前抽干，因而应尽量杜绝秋梢的生长。

四、果实发育

长柄扁桃果实的生长过程包括子房受精、坐果和果实成熟，依果实体积、重量增长等可划分为以下 4 个时期。

1. 幼果期

此时期自受精坐果始，是果实生长缓慢的时期。

2. 果实迅速增长期

此时期子房膨大，果实迅速生长到最大值，内部胚生长缓慢，微小，充斥着大量的胚乳。

3. 硬核期

此时期果实生长趋于缓慢，胚开始发育，果核随胚的发育而逐渐形成和硬化。果内胚从顶部向底部、由小变大，逐渐发育形成种仁，也就是胚的结构组成部分——子叶，随着种仁的形成和体积增大，果壳也相应形成和增厚。种仁增大和果壳质地逐渐变硬几乎同步进行。

4. 成熟期

此时期胚充实，果壳硬化基本完成。外果皮颜色绿色变淡，转化为黄色或红色等，外果皮逐渐离核，果实成熟。

长柄扁桃果实生长发育时期约 80 天。

第二节　长柄扁桃个体发育生命周期

长柄扁桃从种子萌发到植株衰亡，构成其整个生命周期。长柄扁桃实生树自然生命周期很长。在全部生命过程中可划分为幼龄营养生长期、初果期、盛果期、结果衰老期和衰老干枯期 5 个阶段，在不同阶段中，生命过程的规律是不同的，掌握其规律，有助于人们更有效地加以利用和改造。

一、幼龄营养生长期

此时期为 1～3 年。特点是营养生长为主，营养物质积累少，绝大部分用于营养器官的构建，枝干增粗明显。此期，枝上多为叶芽，后期有少量的花芽。

二、初果期

长柄扁桃从第一次结果，至稳定结果，形成稳定的产量，需要 2～4 年的时间。其特点是营养生长仍占据主导地位，随着后期营养生长的减缓，枝上花芽分化比例逐渐增加。该时期也是人工种植管理的关键时期，应注意协调营养生长增加枝量与生殖生长之间的比例，形成最终的丰产树形。

三、盛果期

从进入稳定结果期到获得最高产量，整个周期可在 20 年左右。其特点是生殖生长占据主导，树形基本成型，营养生长退出主要趋势，新梢生长周期明显缩短。结果枝组大量形成。该时期需要加强枝内透风透光管理，确保树体的高光合效率，协调营养生长与生殖生长的关系，维持树势健壮，及时更新结果枝组，进而延长盛果期限。

四、结果衰老期

此期产量显著降低，主侧枝底部开始干枯，内膛枝组逐渐枯萎，仅树冠外围结果。大量出现徒长枝。该时期应有计划地进行大枝更新。

五、衰老干枯期

主侧枝大量死亡，根茎部出现大量的萌蘖，极少结果。此时应及时更新复壮形成新的树冠。

长柄扁桃生长发育的 5 个时期，各时期的长短与其生长环境和人为管理水平密切相关，精细管理，长柄扁桃盛果期可达 20 年以上，粗放管理实生树很快就会进入结果衰老期。

第三节　长柄扁桃物候期

长柄扁桃在一年生长周期内随着季节的变化，其萌芽、抽枝、展叶、开花、结果及落叶、休眠等呈现规律性的变化。这种规律性的变化时期，就是长柄扁桃的物候期。

长柄扁桃在陕西省榆林地区的物候如下。

一、营养生长期

1. 叶芽萌动期

3 月下旬到 4 月上旬，顶芽、叶芽膨大，鳞片开裂，芽开绽、露出绿色。

2. 展叶期

4 月中下旬，叶芽萌发，幼叶分离展开。

3. 叶簇期

4 月下旬，一年生枝全部展叶，叶片开始生长。

4. 新梢生长期

专指春梢，4 月下旬到 5 月中旬急速生长，5 月中旬至下旬，枝条缓慢生长，5 月下旬后基本停止生长。

5. 落叶期

9 月下旬至 10 月下旬，从开始落叶直至叶片落尽。

6. 休眠期

11 月中旬进入休眠期。

二、生殖生长期

1. 花芽萌动期

3 月中旬至 4 月上旬，花芽膨大，鳞片裂开，芽开绽，花蕾露出。

2. 开花期

4 月上中旬至中下旬，从始花期至盛花期，直至落花。

3. 生理落果期

5 月上旬至中旬，受精不良和未授粉受精的幼果大量脱落。

4. 果实成熟期

7 月中旬至下旬，外果皮干裂，坚果露出。

第四节　长柄扁桃环境适应性

一、温度适应性

温度是经济林的生存因子之一，与经济林的生长、发育及生理活动均有密切的关系。温度决定着经济林的自然分布，是影响经济林分布的主要因素。限制经济林的地理分布的温度条件主要包括年平均温度、生长期积温及冬季的最低温度。不同经济林种类适栽的年平均温度不同，如菠萝为 21～27℃，香蕉为 21℃以上，柑橘为 16～22℃，苹果为 9～14℃，而长柄扁桃的年平均温度为 3.6～11℃。从适栽的年平均温度可以看出长柄扁桃属于抗寒性经济林。

围绕长柄扁桃的抗寒性能评价，蒋宝等（2008）以长柄扁桃一年生枝条为试验材料，以抗寒性较强的美国扁桃品种‘先锋’一年生枝条为对照，通过探讨不同冷冻处理条件下枝条的相对电导率、超氧化物歧化酶（SOD）活性、游离脯氨酸、丙二醛（MDA）含量及低温半致死温度（LT_{50}），初步明确了长柄扁桃抗寒性能高的生理原因。

（一）温度对扁桃枝条相对电导率的影响

外渗电导率法是果树抗寒性研究的一种常用方法。植物受到低温影响时，细胞质膜的渗透性会明显增加，电解质发生不同程度外渗，导致电导率不同程度加大。当植物受害严重时，因电解质的过量外渗导致植物不能恢复生长，以致造成伤害或者死亡。抗寒性强的品种，其电导率较低。由图 2-1 可见，两个扁桃品种枝条的相对电导率均以“S”形曲线上升。相对电导率急剧增大，说明枝条组织已经受到严重伤害，膜透性增大，细胞内电解质大量外渗。但在相同低温胁迫下，长柄扁桃的相对电导率始终低于对照品种‘先锋’，表明对照品种对低温更加敏感，抗寒性较差。将各处理温度下扁桃枝条的相对电导率用 Logistic 方程拟合，求得长柄扁桃与对照品种的 LT_{50} 分别为–31.05℃和–21.03℃。长柄扁桃抗寒性显著优于‘先锋’扁桃品种。

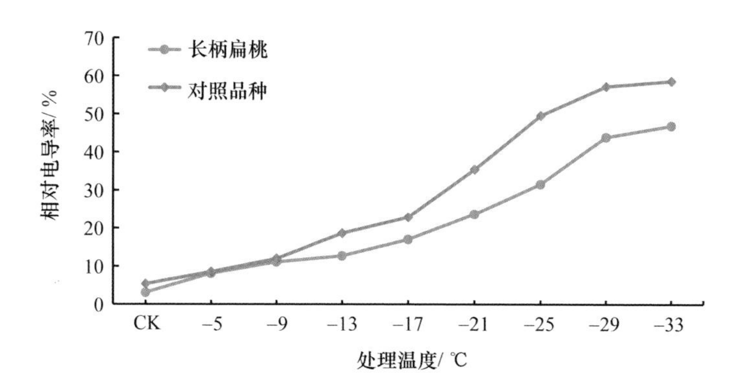

图 2-1　低温处理对扁桃枝条相对电导率的影响（蒋宝等，2008）

CK 表示对照组，该实验以 5℃（室温）为对照，后同

（二）温度对扁桃枝条游离脯氨酸含量的影响

游离脯氨酸是渗透胁迫下易积累的一种氨基酸，也是一种重要的渗透调节物

质，具有稳定细胞蛋白质结构、保护细胞内大生物分子和保持氮含量的作用。一般认为，植物组织中游离脯氨酸含量随温度下降而增加。

由图 2-2 可见，在低温胁迫末期，各处理两个扁桃品种游离脯氨酸含量均高于各自起始对照温度，但随着低温胁迫的加剧，长柄扁桃的游离脯氨酸含量一直呈上升趋势，直到–29～–33℃时趋于平缓；而对照品种出现先升后降的趋势，长柄扁桃和对照品种在低温胁迫末期游离脯氨酸含量分别为各自起始对照温度的 4.70 倍和 4.85 倍。

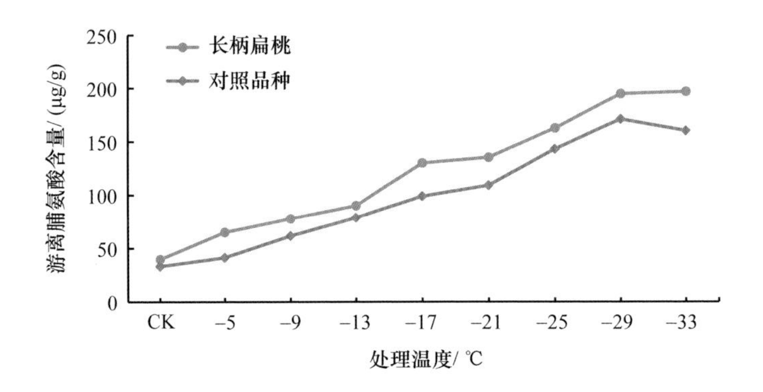

图 2-2　低温处理对扁桃枝条游离脯氨酸含量的影响（蒋宝等，2008）

（三）温度对扁桃枝条丙二醛（MDA）含量的影响

低温胁迫下，测定枝条 MDA 含量也是鉴定种质抗寒性的一种有效方法。在抗寒性测定中，抗寒性弱的品种在低温胁迫条件下 MDA 含量高，这是因为枝条受冻害后细胞膜透性发生变化，细胞内相应的酶系统和代谢过程遭到破坏，引发和加剧了膜脂过氧化作用，膜脂过氧化的产物 MDA 扩散到其他部位破坏了体内多种反应的正常进行。图 2-3 表明，随着处理温度的降低，两个扁桃品种的 MDA

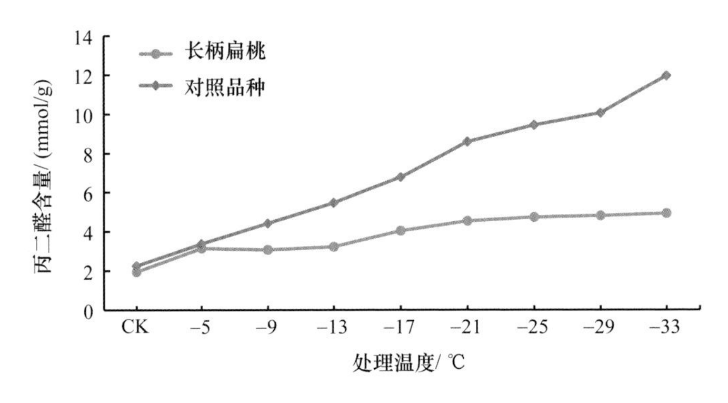

图 2-3　低温处理对扁桃枝条丙二醛（MDA）含量的影响（蒋宝等，2008）

含量增加，但增加幅度与快慢不同，其中长柄扁桃 MDA 含量明显较低，随着处理温度的降低，MDA 含量增加缓慢，且增加幅度较小，而对照品种 MDA 含量增加较快，且增加幅度较大。长柄扁桃与对照品种在低温处理末期的 MDA 含量分别为各自起始对照温度的 2.48 倍和 5.32 倍。在相同低温胁迫下，对照品种的 MDA 含量明显高于长柄扁桃。

（四）温度对扁桃枝条 SOD 活性的影响

植物在逆境条件下可以动员酶性与非酶性的防御系统使细胞免受氧化伤害。超氧化物歧化酶（SOD）是氧自由基代谢的一个酶类，能催化超氧阴离子自由基（$O_2^{-}\cdot$）的歧化作用，形成 O_2 和 H_2O_2，从而消除超氧阴离子自由基，维持活性氧代谢的平衡，保护膜结构，因此 SOD 被认为是核心酶。由图 2-4 可以看出，随着处理温度的降低，两个扁桃品种的 SOD 活性均呈先升后降的趋势，在–29℃时，两个扁桃品种的 SOD 活性达到最高峰值，之后有下降趋势。但无论是长柄扁桃还是对照品种，其在温度处理末期的 SOD 活性均高于各自起始对照温度，且分别是起始温度的 1.34 倍和 1.87 倍。在相同低温胁迫下，抗寒性较强的长柄扁桃的 SOD 活性始终高于抗寒性较弱的对照扁桃品种。

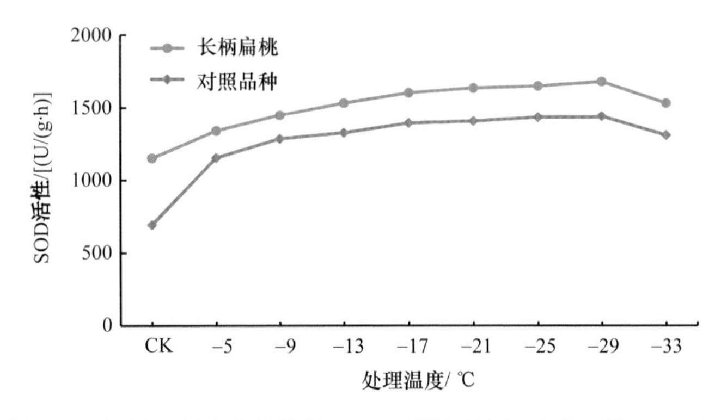

图 2-4　低温处理对扁桃枝条 SOD 活性的影响（蒋宝等，2008）

（五）长柄扁桃抗寒性评价

在轻度和中度低温胁迫下，长柄扁桃枝条内可溶性糖游离脯氨酸具有一定的渗透调节作用，且长柄扁桃在–25℃之前，枝条内酶活性协调关系相当好，酶保护系统对低温有一个抵御作用，活性氧清除系统的协调表明了长柄扁桃具有较强的耐寒能力。且沙地植物长柄扁桃抗寒性较引进的扁桃栽培品种‘先锋’强，所以在‘先锋’栽培的区域，长柄扁桃可以顺利越冬。由低温半致死温度可知，作为能在沙漠中生存的植物，长柄扁桃具有较强的抗寒性。

在我国扁桃亚属植物中，长柄扁桃的抗寒性也是较好的。魏钰等（2012）对我国扁桃亚属的 6 个种进行了抗寒性评价。一年生休眠枝条经低温处理后的相对电导率与处理温度间呈现一定的相关性，即随着处理温度的不断降低，相对电导率均呈现上升趋势，经过几个梯度低温处理后，相对电导率与处理温度间呈“S”形曲线关系（图 2-5）。将各处理温度下枝条的相对电导率用 Logistic 方程拟合，求得蒙古扁桃（*A. mongolica* Maxim.）、长柄扁桃（*A. pedunculata* Pall.）、矮扁桃（*A. nana* L.）、榆叶梅（*A. triloba* Lindl.）、普通扁桃‘美新’品种（Mission）、西康扁桃（*A. tangutica* Batal.）6 个扁桃种的 LT_{50} 分别为–35.17℃、–31.40℃、–26.37℃、–23.55℃、–20.12℃和–19.24℃；各扁桃种游离脯氨酸和 MDA 含量及 SOD、过氧化物酶（POD）活性基本随处理温度的降低而呈上升趋势，其中抗寒性强的种在低温时能保持较高的游离脯氨酸含量和 SOD、POD 活性及较低的 MDA 含量，且恢复生长后枝条萌芽率显著高于其他种。各扁桃种的抗寒性强弱顺序表现为蒙古扁桃＞长柄扁桃＞矮扁桃＞榆叶梅＞‘美新’＞西康扁桃，长柄扁桃等野生扁桃种与普通扁桃种均具有较强的抗寒性，单从越冬抗寒性能上分析，可在北方许多地区广泛引种栽培与推广。

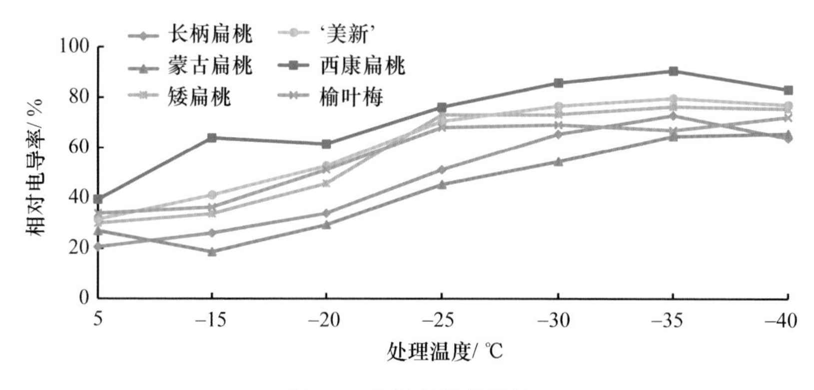

图 2-5 扁桃品种抗寒性

长柄扁桃具有较强的抗寒性，自然分布在温度较低的地区，一般不会面临高温的逆境，但是在长柄扁桃引种区，可能会有高温逆境。在高温区引种，长柄扁桃所处的环境中温度过高与低温胁迫同样会引起的生理性伤害，称为高温伤害，又称为热害。高温胁迫对长柄扁桃等植物的直接伤害是使蛋白质变性，生物膜结构破损，植株体内生理生化代谢紊乱。热害往往与干旱并存，使植株对水分的蒸腾需求量加大，造成失水萎蔫或灼伤。长柄扁桃花粉萌发的适宜温度要低于其他果树，温度过高，不利于长柄扁桃花粉萌发和受精，最终导致落花落果。另外，高温有利于营养生长，在春梢和夏梢旺长时尤为突出，长柄扁桃更易出现梢、果竞争，导致最终坐果率低。

二、光合特性

植物光合作用是生态系统物质循环和能量流动的基础，了解长柄扁桃的光合生理生态特性，对其丰产、优质、高效栽培具有重要的现实指导作用。根据光合特性开展果树整形修剪，提高树体光能利用效率、调节好"库-源"关系，是增加长柄扁桃光合产物的积累、提升果实产量的重要手段。

在长柄扁桃光合特性方面，罗树伟等（2010）以不同树龄的毛乌素沙漠长柄扁桃为研究对象，利用 Li-6400 光合仪，对长柄扁桃野生种质资源地进行其光合生理生态特性研究。研究发现：①长柄扁桃叶片净光合速率（Pn）的日变化呈双峰型曲线，主峰值在 12：00，且具有明显"午休"现象。②长柄扁桃幼龄树生态因子日变化幅度较大，二年生长柄扁桃叶片 Pn 峰值提前。③在长柄扁桃叶片 Pn 影响因子中，气孔导度（Gs）、蒸腾速率（Tr）、光合有效辐射（PAR）作用呈显著直接正效应。④在导致光合"午休"的原因中，气孔限制因素占主导地位，各生态因子间存在显著相关性。⑤长柄扁桃光补偿点（LCP）、光饱和点（LSP）分别为 25.69μmol/(m^2·s)和 2175.53μmol/(m^2·s)。CO_2 补偿点（CCP）、CO_2 饱和点（CSP）分别为 57.309μmol/mol 和 1085.19μmol/mol。长柄扁桃具有广泛的光强利用范围及强大的光合潜能，综合表现出其喜光且高效的光合特性。

（一）净光合速率

长柄扁桃叶片净光合速率（Pn）的日变化呈双峰型曲线（图 2-6）。日变化过程与光照强度的变化规律基本一致。不同树龄长柄扁桃峰值出现时间不尽相同。上午随着光照强度的逐渐增强，长柄扁桃叶片 Pn 均逐渐升高，二年生长柄扁桃增速较快，并且于 10：00 就出现光合高峰，其他树龄长柄扁桃则表现出高峰延后的现象，12：00 左右逐渐出现 Pn 最高峰，于 14：00 回落出现"午休"，16：00 出现次高峰，16：00 以后 Pn 均迅速下降，降到早晨光合水平以下。比较而言，

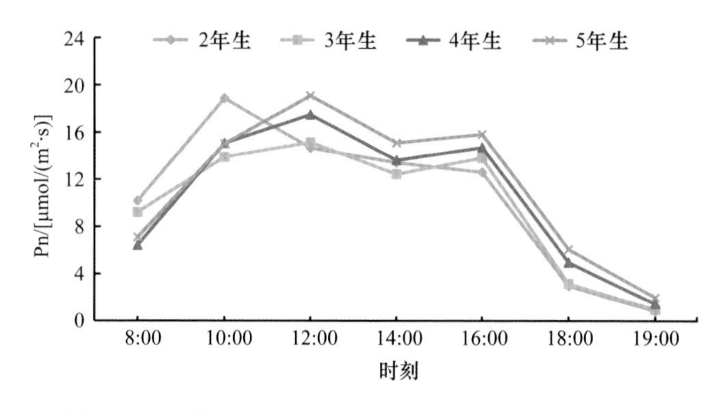

图 2-6　不同树龄长柄扁桃叶片净光合速率（Pn）的日变化（罗树伟等，2010）

一天内二年生长柄扁桃 Pn 日变化最为剧烈，说明二年生长柄扁桃对光较敏感。其次，三年生与四至五年生长柄扁桃 Pn 之间存在显著差异，三年生长柄扁桃 Pn 最低。

不同地区，长柄扁桃叶片 Pn 的日变化呈双峰曲线（图 2-7），但出峰时间存在差异。杨凌地区的双峰出现早于神木地区，10：00 达到第一个 Pn 高峰，中午呈明显“午休”现象，然后 14：00 出现次高峰。神木地区则表现出高峰延后现象，12：00 出现 Pn 最高峰，14：00 回落出现“午休”，16：00 出现次高峰。次高峰后 Pn 都迅速下降，降到早晨光合水平以下。两地相比，神木一天内 Pn 日变化较为剧烈，最高峰值达 18μmol/(m^2·s)，表现出较高的光合能力。两地在 12：00 净光合速率差值最大，说明杨凌地区长柄扁桃对光较敏感，同时也表明长柄扁桃在神木强光环境下的适应性强于杨凌（罗树伟等，2009）。

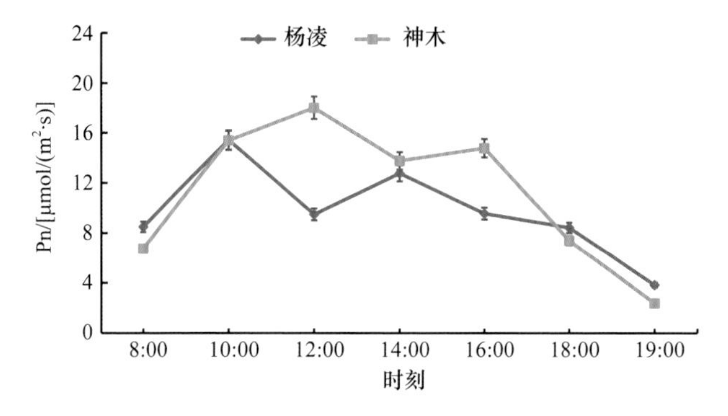

图 2-7　不同地区净光合速率日变化（罗树伟等，2009）

（二）光能利用效率

光能利用效率（SUE）能体现出植物对光强变化的即时反应。从图 2-8 可以看出，长柄扁桃 SUE 整体早晚较高，午间较低。在 Pn 处于低谷时，SUE 也基本都处于较低水平。16：00 以后神木高纬度地区光照迅速减弱，SUE 反而迅速上升。说明长柄扁桃对低光、弱光有较高的利用能力（罗树伟等，2010）。

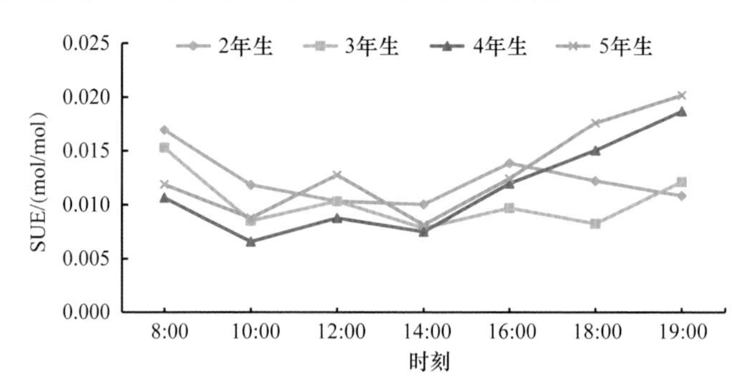

图 2-8　不同树龄长柄扁桃叶片光能利用效率（SUE）的日变化（罗树伟等，2010）

（三）光饱和点和光补偿点

光饱和点（LSP）和光补偿点（LCP）是植物的两个重要光合生理指标，反映了植物光照条件的要求，LCP 和 LSP 均较低的植物是典型的阴生植物，反之则是典型的阳生植物，LCP 低、LSP 高的植物对光环境的适应性很强。时慧君等（2010）对毛乌素沙漠包括长柄扁桃、榆叶梅和蒙古扁桃在内的几种主要植物的光合特性进行了检测分析，长柄扁桃、榆叶梅和蒙古扁桃 LSP 分别为 628.91μmol/(m^2·s)、603.15μmol/(m^2·s) 和 574.97μmol/(m^2·s)，LCP 分别为 24.74μmol/(m^2·s)、17.14μmol/(m^2·s)和 28.12μmol/(m^2·s)。它们的 LSP 和 LCP 差异不大，都较高，对强光的利用率都很高，故长柄扁桃、榆叶梅和蒙古扁桃皆为阳生植物。

（四）二氧化碳浓度

二氧化碳（CO_2）浓度与光合速率的关系，也类似于光强与光合速率的关系，既有 CO_2 补偿点（CCP），也有 CO_2 饱和点（CSP），植物必须在高于 CCP 的条件下，才有同化物积累，才会生长。CO_2 响应曲线与光响应曲线变化趋势基本一致，随 CO_2 浓度的增加，净光合速率先是迅速增加，然后增速趋于缓慢，最后稳定在一定水平，CO_2 出现饱和现象。超过饱和点再增加 CO_2 浓度，光合便受抑制。CSP 越高，反映了植物对环境条件的适应性越强。时慧君等（2010）对沙柳、紫穗槐、长柄扁桃、榆叶梅和蒙古扁桃检测表明，长柄扁桃的 CSP 值最高为 1622.50μmol/mol，榆叶梅和蒙古扁桃次之，分别为 1359.61μmol/mol 和 1369.67μmol/mol，长柄扁桃、榆叶梅和蒙古扁桃都显著高于紫穗槐（939.60μmol/mol）和沙柳（810.11μmol/mol）。由 CSP 大小可知，长柄扁桃对环境条件的适应性最强，且在 CO_2 富集的地方有利于其生长。

（五）长柄扁桃光合特性评价

不同地区长柄扁桃和长柄扁桃不同植株的 LSP、LCP、CCP、CSP 均表现出一定的差异性。罗树伟等（2009）对杨凌和神木不同地区长柄扁桃光合特性进行分析，发现不同地区的长柄扁桃 LSP、LCP、CCP、CSP 不尽相同，在杨凌和神木地区长柄扁桃 LCP、LSP 分别为 49.08μmol/(m^2·s)、1512.5μmol/(m^2·s) 和 21.44μmol/(m^2·s)、1500μmol/(m^2·s)。CCP、CSP 分别为 84.46μmol/mol、1000μmol/mol 和 53.92μmol/mol、781.25μmol/mol。罗树伟等（2009）和时慧君等（2010）在毛乌素沙漠这一相同地区对长柄扁桃光合特性进行检测，结果也不一样，但都表明长柄扁桃对强光利用率很高，长柄扁桃属于阳生植物，对环境条件的适应性强。

根据长柄扁桃光合特性，大面积种植时应保证长柄扁桃正常生长所需的强光条件，避免遮阴，提高透光率。温度较高的天气下应进行适量灌溉，提高叶片含水量，通过改善其生理生态因子提高气孔导度，减少气孔因素对光合作用的限制等。

三、水分适应性

水分不仅是果树生存的重要因子，而且是植物体重要的组成成分。水分常是限制山地果园产量的因子。果树对水分的需求有两种：一种是生理用水，如养分的吸收、运输和光合作用等用水；二是生态用水，如保持果园空气有一定的湿度，以增强生长势，提高产量、品质的用水。据报道，果树光合作用每生产 1 份光合产物，需 300～800 份水。土壤中保持田间持水量的 60%～80%时，根系可吸收水分、养分，保证植株正常生长。

果树在系统发育中形成了对水分具有不同要求的生态类型，即抗旱性强、中、弱三种类型。果树抗旱性强的树种，常有其特定的适应方式，主要表现有以下两点。

一是具有旱生形态结构，本身需水少，如叶片小、全缘、角质层厚、气孔少而下陷，并有较高的渗透压。长柄扁桃不管是多年生枝簇生叶，还是当年生新梢对生叶，叶片都偏小，叶片倒卵形或椭圆形，长 1～3cm，宽 0.7～2.0cm，簇生或互生于短枝，具有典型的旱生形态结构（图 2-9）。

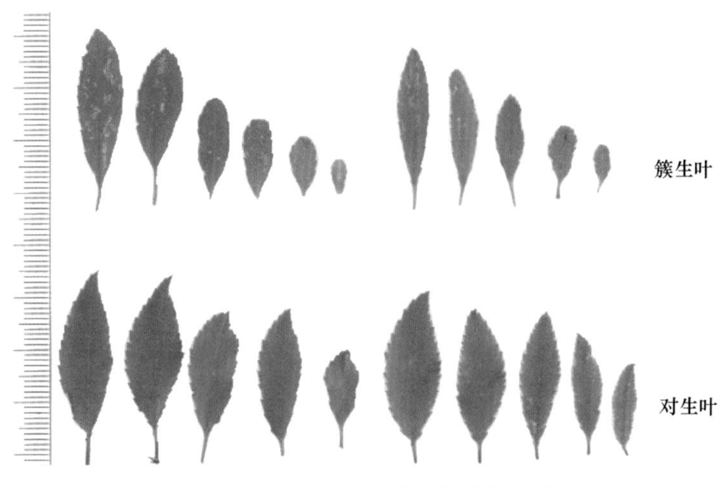

图 2-9　陕西神木市野生长柄扁桃叶片

二是具有强大的根系，能吸收较多的水分。果树不同物候期需水量不同。通常，花芽分化期需水少，适当干旱可促进花芽分化。开花期亦喜晴朗天气，有利于授粉受精。幼果期、抽梢期则需要充足的水分。果实成熟期若遇多雨，长柄扁桃常出现核仁不饱满、易霉烂、油脂含量低等。

随着生产的发展和人口的持续增加，水资源供需矛盾正变得越来越突出。据统计，世界上干旱、半干旱地区占地球陆地面积的三分之一。我国干旱、半干旱地区约占国土面积的二分之一，即使在非干旱的主要农业区也经常出现不均匀降水，受到季节性干旱的侵袭。干旱是强烈限制作物产量的三大因素之一，其造成的损失最大，其损失量超过其他逆境造成损失的总和。根据美国 1939～1978 年保险业对自然灾害引起作物减产赔偿的统计，干旱引起的损失赔偿就占到 40.8%。因此，植物抗旱机制研究已成为当前各国科学家研究的热点。通常植物通过避旱、保持水分吸收、减少水分损失、维持细胞膨压、原生质忍耐脱水等途径调节对干旱的耐受性。目前较为公认的是把植物的耐旱机制划分为 3 种基本类型：①避旱（drought escape），是指在土壤和植物发生严重水分亏缺之前植物完成生活史的能力，这种类型的植物大多是出现在沙漠地区的短生命植物，一般是在雨季里短暂的无水分胁迫时期迅速发芽、开花结果、果实成熟后迅速死去，而其余各季则以成熟的种子状态来逃避干旱的危害。避旱对一些栽培作物适应干旱有一定的意义，如一些作物的早熟品系。②御旱（drought avoidance），高水势下延迟脱水而抗旱。③耐旱（drought tolerance），低水势下忍耐脱水而抗旱。每一种旱生植物都具有复杂的生存机制，以确保其在特定的干旱环境中生存和发展。

（一）长柄扁桃旱生特征

长柄扁桃与其他一些旱生植物一样，为适应干旱、强烈光照、土壤贫瘠的干旱条件而形成了许多旱生特征。马小卫等（2006）从形态解剖结构、生理生态、生化及分子生物学等多方面探讨了长柄扁桃抗旱机制。

1. 叶片形态结构

叶肉组织中栅栏组织发达而海绵组织退化是旱生植物区别于中生植物的一个重要特征。在长柄扁桃叶片的组织形态建造过程中，随着叶片增厚，栅栏组织增厚，叶肉组织结构紧密度（CTR）增加。成龄叶与幼叶相比叶片厚度、栅栏组织厚度分别增加 48%和 68%，CTR 值高 13.6%（表 2-1），说明长柄扁桃主要通过栅栏组织增厚来提高抗旱能力。

表 2-1　长柄扁桃叶片组织结构（马小卫等，2006）

发育时期	叶片厚度/μm	栅栏组织特征				栅栏组织厚/μm	CTR/%
		上		下			
		长/μm	宽/μm	长/μm	宽/μm		
幼叶	106.58	22.43	6.64	3.81	6.25	70.07	65.92
成龄叶	158.00	49.00	9.50	34.38	7.50	117.75	74.89

长柄扁桃叶片在发育成熟过程中，角质层厚、表皮细胞大小均呈规律性增加，气孔纵径、横径及气孔密度、气孔比密度也随叶片表皮细胞形态结构的建成而增加。随着叶片不断成熟，其表皮细胞变为不规则形，嵌合度及紧密性增加，彼此间隙减小，有效减少水分散失，提高其抗旱性。长柄扁桃表皮细胞覆盖有角质层，幼叶角质层厚2.50μm，成龄叶为3.42μm，厚的角质层可以有效地防止蒸腾失水。长柄扁桃气孔平置或下陷，由两个肾形保卫细胞组成，主要分布于下表皮，气孔密度为364～391个/mm^2，有时两个气孔之间仅仅间隔一个细胞（表2-2）。

表2-2　长柄扁桃叶片表皮解剖特征（马小卫等，2006）

发育时期	角质层厚/μm	表皮细胞		气孔		气孔密度/(个/mm²)	气孔比密度
		长/μm	宽/μm	纵径/μm	横径/μm		
幼叶	2.50	29.47	19.47	23.57	16.42	364.00	0.14
成龄叶	3.42	37.01	20.38	32.22	21.67	391.00	0.27

长柄扁桃叶片主脉表皮细胞近似圆形，比叶片表皮细胞小，排列紧密，其主要作用是防止水分在贮运时的损失。长柄扁桃维管束排列紧密，维管组织十分发达，主脉厚度为叶平均厚度的1.52倍，小脉密度较大，成龄叶最小脉间距为100μm，维管系统密度的增大是叶片旱生结构的显著特征之一，发达的维管系统也可起到补偿叶片失水的作用，加快光合产物从叶片运出，维持光合作用进行。长柄扁桃叶片主脉韧皮部有特异结构（许多果树适应干旱形成的异常内部结构），即3或4个空腔，可能是气腔或者是水腔，用来提高抗旱性。

对长柄扁桃叶片不同的发育时期来说，幼叶水分运输的有效性及安全性低于成龄叶（导管越大，输水的有效性越高；导管密度越大，输水安全性越强；导管占木质部比例越大，其贮水力越高），表明成龄叶的抗旱能力高于幼叶（表2-3）。

表2-3　长柄扁桃叶片主脉解剖结构（马小卫等，2006）

发育时期	主脉厚/μm	导管直径/μm	导管密度/（个/mm²）	导管比密度
幼叶	309.17	5.45	12 542	0.30
成龄叶	337.86	6.07	16 385	0.47

一般来说，叶小而厚、栅栏组织增厚是旱生植物所具备的特征，发达的栅栏组织除能极大地提高其光合作用的效率外，还能在水分供应充足的雨季增大植物的蒸腾效率，促使其快速生长。长柄扁桃叶片为典型的等面叶，叶表皮内的两面

都是栅栏组织，无海绵组织的分化，这一特性不仅能提高其抗旱性，而且能抵御强烈日光照射，因为叶肉细胞垂直于上、下表皮细胞排列，与光线照射方向平行，植物利用衍射光部分，防止强光对叶片的灼伤，也能增强光合效率。与普通栽培扁桃相比，长柄扁桃叶小，光合作用面积小，而发达的栅栏组织极大地提高了光合效率，从而弥补了叶小带来的不足。

2. 根系

长柄扁桃强大的根系为其抗旱提供了物质基础（图 2-10）。崔石林（2015）研究表明，长柄扁桃根系垂直深度达到 60cm 左右，水平伸展超过 3m，向四周延伸。草本植物根系多分布于地表至地表以下 30cm 深度，只能利用浅层土壤水分；而灌木植物根系可深入地下 30～60cm 甚至更深，以便利用中层土壤中的水分和养分。包括灌木长柄扁桃在内的许多沙生植物，根毛具沙套结构，或称为根套，稍用力即可从根毛上完整摘下，此结构可以更好地保存和利用地表至土壤中层深度的水分及养分。

图 2-10　长柄扁桃的二年生植株根系

长柄扁桃在幼苗期种子萌发后首先生根，地下的生长速度是根上的 7 倍左右。根系从第 2 年起，水平分布远远超过树冠范围，根系的生长与地上部生长交替进行，一年中根系生长有两个高峰：一个是开花前 3～4 周至地上部枝条快速生长前；另一个是枝条停止生长和果实生长放慢时。

以上结构为长柄扁桃较好的抗旱性奠定了基础。

（二）水分胁迫条件下长柄扁桃的生理生化反应

当水分胁迫发生时，长柄扁桃可通过自身的生理生化反应来应对逆境胁迫。

1. 水分胁迫条件下长柄扁桃叶片的自身水调节作用

马小卫等（2006）用聚乙二醇（PEG6000）配成的 10%、20%、25%、40%四

种不同浓度的溶液对长柄扁桃幼苗进行根际渗透胁迫处理，模拟干旱对其影响（图 2-11）。在 PEG6000 快速渗透胁迫下，长柄扁桃叶片组织含水量下降速度随胁迫时间的延长表现出快-慢-快的变化，而不是呈持续加快的趋势。在 PEG 胁迫处理的 12～48h 内叶片含水量下降趋势平缓，10%、20%、25%、40%的 PEG 胁迫处理 48h 后叶片组织含水量与 12h 相比分别降低了 8.7%、9.1%、25.2%、17.9%，而束缚水与自由水比值分别增加了 129%、106%、108%、89.6%。在叶片组织含水量变化基本恒定的情况下，束缚水与自由水比值迅速增加，说明长柄扁桃有很强的自身水调节能力，长柄扁桃通过调整体内自由水和束缚水的水分形式及提高细胞原生质的黏滞性与保水能力限制体内水分的减少，以保持更多的水分，从而提高其耐旱能力（自由水含量和束缚水含量在植物体内以一定的比例存在，其两者之和为植物组织总的含水量，束缚水/自由水在一定程度上能反映植物的抗旱性能，束缚水与自由水比例升高，植物代谢活性降低，抗性增强。随着水分胁迫时间的延长，胁迫程度的加强，自由水含量表现出降低的趋势，束缚水含量表现出增加的趋势，束缚水与自由水的比值也呈缓慢增大的变化趋势）。

在实际土壤干旱胁迫下，长柄扁桃水分饱和亏（WSD）随着叶片相对含水量（LRWC）的下降而逐渐增加，轻度胁迫与对照之间，以及中度胁迫与轻度胁迫之间 WSD 变化不显著，只有在重度胁迫下 WSD 才显著高于轻度胁迫，与对照相比增加了 82.8%，土壤干旱胁迫下 WSD 的缓慢增加也说明长柄扁桃具有一定的自我保护调节能力（马小卫等，2006）。

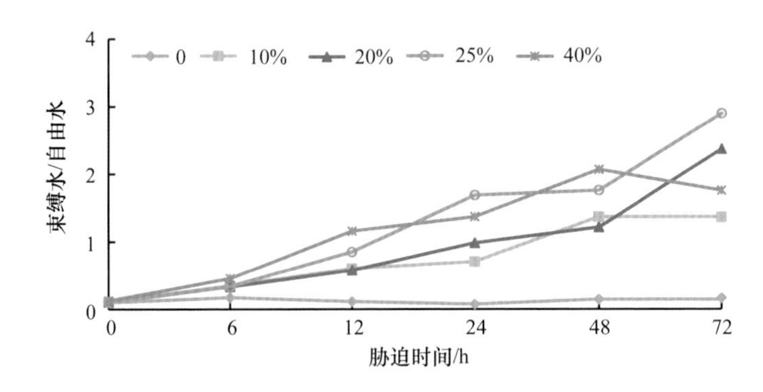

图 2-11 水分胁迫对叶片束缚水/自由水的影响（马小卫等，2006）

2. 水分胁迫条件下长柄扁桃叶片内渗透调节物质的积累

渗透调节是植物适应干旱环境的重要机制。在干旱胁迫条件下很多植物能通过渗透调节降低细胞水势、保持膨压，维持植物的正常生长。水分轻度及中度胁迫可使长柄扁桃叶片内脯氨酸、可溶性糖等内渗透调节物质大量积累。随胁迫浓度的增加及胁迫时间的延长而大量增加，其中脯氨酸含量在轻度及中度胁迫初期急剧上升，而后上升速度减慢。可溶性糖含量对轻度及中度胁迫反应较迟钝，增加速度较慢。长柄扁桃的渗透调节具有一定的范围，当胁迫程度超出这一范围时，可溶性糖与脯氨酸含量先后出现下降趋势，渗透调节物质的产生机制受到破坏（马小卫等，2006）。

3. 水分胁迫条件下活性氧自由基对长柄扁桃的伤害

渗透胁迫造成植物伤害的重要原因之一是活性氧的产生和清除不平衡，如超氧阴离子自由基（$O_2^{-}\cdot$）和过氧化氢（H_2O_2）等导致膜系统受损，严重时造成细胞死亡。长柄扁桃幼苗在不同浓度 PEG 胁迫下，$O_2^{-}\cdot$及 H_2O_2 的生成速率随胁迫时间的延长均呈现出上升趋势。丙二醛（MDA）是脂质过氧化作用的主要产物之一，其在组织中含量的多少反映了膜脂过氧化作用的强弱，因此测定 MDA 的积累量有助于了解植物细胞膜受伤害的程度。随着胁迫时间的延长及胁迫强度的增加，长柄扁桃幼苗叶片内 MDA 含量的变化整体上呈现出了显著上升的趋势，说明幼苗受到的损伤加重（马小卫等，2006）。

4. 水分胁迫下长柄扁桃叶片内保护酶系统的协调保护作用

植物在长期的进化过程中形成了一套内源保护系统，在遭遇逆境条件时，植物可以动员酶性和非酶性的防御系统保护细胞免遭氧化伤害。一类是酶保护系统：超氧化物歧化酶（SOD）是氧自由基代谢的一个酶类，能催化超氧化物阴离子自由基（$O_2^{-}\cdot$）的歧化作用，形成 O_2 和 H_2O_2，从而消除 $O_2^{-}\cdot$，维持活性氧代谢平衡，保护膜结构，常被认为是核心酶。过氧化物酶（POD）是广泛存在于植物细胞内的氧化还原酶类，能清除植物体内的 H_2O_2，消除自由基的伤害，与植物的抗逆境能力密切相关，尤其是在水分胁迫条件下，POD 活性往往升高。过氧化氢酶（CAT）主要存在于植物过氧化物酶体与乙醛酸循环体中，和 POD 一样均可清除植物体内的 H_2O_2。抗坏血酸过氧化物酶（APX）是以抗坏血酸为电子供体的专一性强的过氧化物酶，可以清除米勒反应产生的 H_2O_2。另一类是小分子抗氧化物质，如抗坏血酸盐（ASA）是一种普遍存在于植物组织的高丰度小分子抗氧化物，它可以直接与单线态氧（$^1O_2$）、超氧自由基（$O_2^{-}\cdot$）、过氧化氢（H_2O_2）和羟自由基（HO^-）等活性氧反应，在植物氧化胁迫抵抗中具有重要作用（马小卫等，2006）。

植物体内活性氧的产生与清除平衡遭到破坏，活性氧增多，植物体内的保护酶系统在清除自由基、防止活性氧的伤害方面起到重要作用。在水分胁迫下，除长柄扁桃叶片内 ASA 含量持续降低外，POD、SOD、CAT、APX 活性大体均表现出先增加后降低的变化。轻度水分胁迫时，酶活性显著升高，而活性增加有利于增强树体清除 H_2O_2 的能力；重度水分胁迫下酶活性显著降低，可能重度胁迫下树体受到了较重的伤害（马小卫等，2006），如表 2-4 所示。

表 2-4 土壤干旱胁迫对 SOD、POD、CAT、APX、ASA 活性的影响（马小卫等，2006）

处理	POD/[U/(μg·g FW)]	SOD/[U/(h·g FW)]	CAT/[U/(min·g FW)]	APXΔ290/（g FW/min）	ASA/[U/(μmol·g FW)]
CK（对照）	93.29c	780.52d	28.28b	23.80c	39.76a
轻度胁迫	156.34a	984.23b	35.97a	45.67a	34.73ab
中度胁迫	153.86a	1048.72a	37.25a	40.32b	31.69b
重度胁迫	141.25b	864.24c	34.37a	26.21c	27.45b

注：表中平均值后相同字母表示邓肯氏新复极差检测差异不显著

（三）长柄扁桃水分适应性评价

综上，长柄扁桃株体较矮、叶面积小、根系发达，叶片具有特异结构，这是其减少水分损失和保持水分吸收的御旱特征；水分胁迫下通过自身水调节作用、渗透调节物质的积累、保护酶的协调作用，以维持细胞膨压、减轻自由基的伤害，这是其耐旱特性。

长柄扁桃的根系主侧根可以实现水分的共享，以抵御干旱胁迫。吴恩岐等（2007）利用红墨水为示踪剂，设立三组实验，对长柄扁桃根系进行水分供给控制，如图 2-12 所示，第 1 组和第 3 组的分隔层以上为干燥的沙土，使其处于干旱胁迫状态，分隔层以下的土仍为湿沙土；第 2 组的分割层以上为湿沙土，分割层以下为干沙土；黑色试管表示其盛装了淋透红墨水的湿润沙土；无色试管表示其盛有该层相应的原有沙土。结果表明，第 1 组实验中，2、3、4、5 号瓶内的侧根中均出现了红墨水，表明水分可以从相对丰富的主根转移到相对短缺的侧根中，而且不分上下左右方位。第 2 组实验中，1 号瓶的主根内出现了红墨水，表明水分可以从相对丰富的侧根转移到相对短缺的主根中。同时也证明，在长柄扁桃根系中

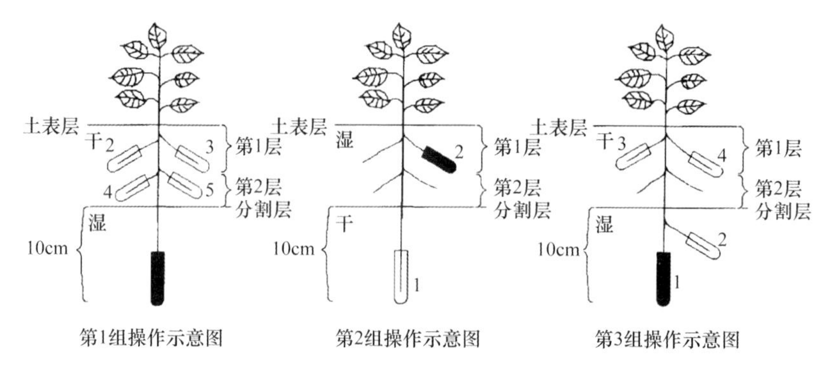

图 2-12 长柄扁桃根系水分共享操作示意图（吴恩岐等，2007）

第 1 组：供主根含红墨水的水分，使其侧根缺水处理；第 2 组：供侧根含红墨水的水分，使其主根缺水处理；第 3 组：供主根含红墨水的水分，使部分侧根缺水处理

主干中的水分可以进行负向运输。第3组实验中，3、4号瓶的侧根内出现了红墨水，2号瓶的侧根中没有出现红墨水。这是由于3、4号瓶中的侧根缺水，水势较低，1号瓶中主根吸收的水分就会转移到3、4号瓶中的侧根内，以维持水分相对缺乏的侧根的正常代谢活动，而2号瓶内的侧根处于湿润的沙土中，可以吸收到足够的水分，水势较高，因而不需要1号瓶内的主根吸收的水分。这表明根系之所以出现水分共享，是由根系各个部位之间存在水势差所引起的。

水分共享是植物均衡利用水资源，以满足各部分水分需求的能力。对植物体内的水分运输，人们一直认为其是由蒸腾拉力和根压引起的单向运输过程。长柄扁桃在土壤水分分布不均匀的条件下，若主根水分相对丰富而侧根水分相对匮乏，则水分由主根转移到侧根，出现水分的反向运输；若侧根水分相对丰富而主根水分相对匮乏，则水分由侧根转移到主根中，实现主根、侧根共享有限的水分资源，并且主根的水分可以由形态学下端向形态学上端运输；若土壤水分分布均衡，则根系水分由侧根向主根转移，在主根中由形态学上端向下端运输，以保障对地上部分的水分供应。总之，长柄扁桃根系具有水分共享的潜力，缺水的根系部位可以由不缺水的根系部位提供水分而共享水资源，从而有效地利用有限的水资源，减小水分胁迫的压力，以维持各部分正常的代谢活动。

四、土壤特性

土壤是长柄扁桃栽培获得高产的基础，其理化性质直接影响根系生长及其机能，良好的土壤可满足长柄扁桃对水、肥、气、热的要求。长柄扁桃较耐土壤瘠薄，其自然分布区土壤偏碱，pH为7.9～8.7，且大多较瘠薄，土壤有机质含量普遍低，并缺磷少氮。土壤pH与土壤中各种矿质营养成分的有效性密切相关，反映土壤微生物的活动情况，也在一定程度上反映土壤肥力。前期研究发现，长柄扁桃单位面积的产量和土壤pH呈显著负相关。通过有效合理地降低土壤pH，可在一定程度上提升长柄扁桃的单位面积产量。

在陕西、内蒙古沙区土壤漏水漏肥问题突出。沙区发展长柄扁桃产业，若不采取保水保肥措施，很难形成产量。合理地提升土壤的肥力是提升产量的必要条件，通过多次少量施肥水的方法，结合适当的保水保肥措施（图2-13），可提高肥水的利用率，进而显著提升长柄扁桃的长势，使其更快进入产果期。

五、风的适应性

风对长柄扁桃的生长发育一方面有良好作用，但另一方面也有破坏作用。微风可促进空气的交换，改善光照条件，增加光合速率，夏季微风还可避免高温伤

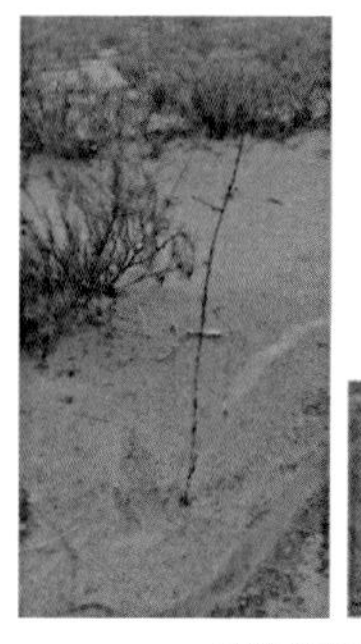
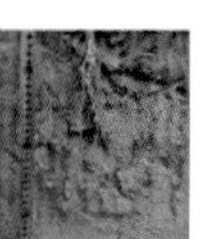

保水保肥技术处理　　对照处理

图 2-13　沙区长柄扁桃保水保肥处理照片

害，而在冬季可消除辐射霜冻。然而大风（风速超 10m/s）对长柄扁桃生产不利，会使树体遭受机械损伤，并造成弯干、过偏冠。尤其是在春季，在长柄扁桃自然分布区，如榆林地区春季常常有干冷风，若大风发生在长柄扁桃萌发之前，常导致枝干的抽干。若大风发生在叶展开后，会使得树体蒸腾与地面蒸发作用加强，引起缺水，造成水分胁迫，影响果树正常生长发育。若花期遇大风会影响访花昆虫活动，且风大时柱头易干，对长柄扁桃授粉受精不利。由于长柄扁桃长期生存在风力较大的地区，故对风具有很强的抵御能力，但若要产业化发展长柄扁桃，仍要着重注意风害对长柄扁桃产业发展的影响（梁爱军，2010）。

六、地势的适应性

长柄扁桃自然分布区及适宜推广区，不是沙区就是山区，地势比较复杂。地势包括海拔、坡度、坡向及小地形等，能显著影响小气候，因而与长柄扁桃的生长发育关系密切。海拔直接影响气温、雨量与光照，在相同纬度地区海拔不同，气候相差悬殊。长柄扁桃物候期随海拔升高而延迟，生长结束期随海拔升高而提早，海拔高，热量低，会影响果实的品质。例如，相对于低海拔，高海拔地区长柄扁桃核仁油脂含量低，不饱和脂肪酸含量高。

以在 20°以下的缓坡、斜坡栽植果树为宜。坡度加大时，土壤因冲刷严重，土壤中含水量及肥力均降低，土层亦薄。不同坡向影响日照时数长短，温度亦有很大的差异。南向的斜坡日照充足、温暖，但昼夜温差大，而北向的斜坡日照较短，土壤湿度较大。从自然分布区来看，长柄扁桃大多分布在西向、东向的斜坡，少量分布在南向的斜坡，极少分布在北向的斜坡。

长柄扁桃自然分布在同一长坡上，上坡空气较流通，温度变化大；故上坡分布较少，或者植株比较矮小。下坡，尤其在谷地，冷空气沉积，容易发生冻害，常导致长柄扁桃落花落果，不挂果，另外，土壤中水分含量及肥力是上坡低，下坡高。故下坡长柄扁桃植株一般比较高大；中坡温度变化最小，低温时间较短，且由于冷空气下降，中坡温度反而比下坡高（逆温层），故中坡长柄扁桃的挂果情况一般比较好。

参 考 文 献

崔石林. 2015. 柄扁桃灌丛化荒漠草原群落组成特征及其分布机理研究[D]. 内蒙古大学硕士学位论文.

蒋宝, 郭春会, 梅立新, 等. 2008. 沙地植物长柄扁桃抗寒性的研究[J]. 西北农林科技大学学报(自然科学版), (5): 92-96, 102.

梁爱军. 2010. 半干旱风沙区抗逆性树种引进试验研究初报[J]. 山西林业科技, (2).

罗树伟, 郭春会, 张国庆, 等. 2010. 沙地植物长柄扁桃光合特性研究[J]. 西北农林科技大学学报(自然科学版), (1): 125-132.

罗树伟, 郭春会, 张国庆. 2009. 神木与杨凌地区长柄扁桃光合与生物学特性比较[J]. 干旱地区农业研究, (5): 196-202.

马小卫, 郭春会, 罗梦. 2006. 核壳、盐和水分胁迫对长柄扁桃种子萌发的影响[J]. 西北林学院学报, (4): 69-72.

时慧君, 杜峰, 张兴昌. 2010. 毛乌素沙几种主要植物的光合特性[J]. 西北林学院学报, (4): 29-34.

魏钰, 郭春会, 张国庆, 等. 2012. 我国几个扁桃种抗寒性的研究[J]. 西北农林科技大学学报(自然科学版), (6): 99-106.

吴恩岐, 王怡青, 斯琴巴特尔. 2007. 柄扁桃根系水分共享特性研究[J]. 内蒙古师范大学学报(自然科学汉文版), (2): 199-202.

第三章　长柄扁桃种苗繁育

长柄扁桃种苗繁育旨在增加栽培长柄扁桃的幼苗株数，保证将植株的重要性状和优良品质遗传下去，并是能增强长柄扁桃幼苗抗逆能力的一种生产活动。目前，长柄扁桃大多采用实生播种繁育的方式育苗。有生产能力的企业也开展了嫩枝扦插等无性繁育方式育苗。开展长柄扁桃种苗繁育，应注重苗圃地的选择，为幼苗提供良好的环境条件。选择适宜的育苗方式，建立配套的管理措施，才能繁育出强壮的长柄扁桃幼苗。

第一节　苗圃地建立

幼苗期是长柄扁桃树体生命周期中最幼嫩的阶段，最易受到外界不良环境的影响，因此，育苗时要尽量为苗木生长提供良好的环境条件。育苗前要仔细调查苗圃地的土壤、气候等方面的情况，因地制宜地加以选择和利用。苗圃地的选择主要考虑以下因素。

一、地理位置

首先，苗圃地尽量设在苗木需求中心，这样既可以减少长途运输过程中因苗木失水而导致的苗木质量降低，又可借助苗木对育苗地自然生态条件的适应性，确保苗木栽植成功，保证其生长发育处于良好状态。

其次，苗圃地要交通便利，靠近公路，便于运输苗木和生产物资。

最后，还要注意苗木地附近不能有排放大量煤烟、有毒气体及废料的工厂，避免苗木受到影响。

二、地形、地势及坡向

苗圃地宜选在背风向阳、排水良好、土层深厚、地势较为平坦的开阔地带。坡度过大，容易造成水土流失，土壤肥力下降，而且不利于田间操作和灌溉。

三、土壤

土壤质地一般以沙壤土、壤土为宜。选择土层深厚、土质疏松、通气良好、有机质含量较高、土壤微生物丰富的土壤，对种子萌发和幼苗生长十分有利，并且起苗容易，省时省工，根系损伤较小。过于黏重的土壤，通气和排水不良，不利于种子的萌发，且病害较多；沙土地保水保肥力差，苗木生长发育受到抑制，易早衰，夏季高温时根系易受伤害。因此，在黏土地和沙土地上育苗，应进行土壤改良，在掺沙和掺土后，再施用大量有机肥，方可用于育苗。

苗圃地要求土壤肥力中等，以确保苗木生长健壮、抗逆性强、质量高。肥力过高，易造成苗木徒长、旺长，枝条生长不充实，越冬时易受冻害，而且移栽到干旱地或贫瘠地时，缓苗期长、成活率低。

土壤酸碱度对苗木生长也有显著影响。不同树种对土壤酸碱度的适应性不同，长柄扁桃喜欢中性偏碱性的土壤，pH 过高或过低均不利于长柄扁桃生长发育，同时会降低土壤中磷及其他营养元素的有效性，间接影响苗木生长发育。

四、排灌条件

苗圃地以排灌条件较好为宜。种子萌发和幼苗生根都需要土壤保持湿润，土壤湿度低时需要进行适时适量地灌溉。另外，幼苗根系分布浅，灌水过多或排水不良，会导致耐旱力降低，发生病害。

水浇地和旱地均能培育出健壮苗木，应根据当地实际情况，扬长避短，合理利用。旱地培育的长柄扁桃苗根系发达、生长充实、适应性强、栽植成活率高；水浇地出苗整齐、产苗率高、苗木生长势强，在部分地区可以实现当年播种、当年嫁接，缩短育苗周期。

五、其他因素

选择苗圃地时还应注意选择病虫危害及禽兽类危害少的地块。

第二节　育 苗 技 术

一、实生苗繁育

目前，长柄扁桃大多采用实生播种繁育的方式育苗。实生播种培育的苗木对环境的适应能力强，其根系发达，生长旺盛，因此更容易存活。实生播种育苗操作也相对简单。

长柄扁桃实生育苗一般采用种子育苗，包括采种母树、种子采集和种子贮藏等过程（图 3-1）。

图 3-1 长柄扁桃育苗过程

（一）种子采集

1. 采种母树选择

长柄扁桃繁殖实生苗时，应选择生长健壮、丰产、稳产、无明显病虫害的健壮树体作为采种母树。

2. 种子采集方式

优良种子要求外观饱满、大小均匀、有光泽、无霉变、胚和子叶呈乳白色、不透明、有弹性。采摘时应挑选种仁充实、饱满、整齐一致、发育正常且无病虫害的果实，同时在大多数果实完全成熟时进行采摘。采收过早，种子成熟度差，萌芽率低，苗木生长不良。采收过晚，果实已掉落，难以收集和保存，而且易受土壤和病菌等的影响，种子质量较差。

（二）种子贮藏

种子采收后要先堆放在通风阴凉处阴干、切忌暴晒。短时间储存时，可将种子存放在温度、湿度均较低且通风的环境中，不可暴晒或雨淋；如需长时间贮藏，应存放在干燥密闭的环境内，贮藏期间要定时检查，发现霉烂及时处理。另外，需注意预防鼠害和虫害。

（三）浸种破壳

长柄扁桃种壳坚硬，自然萌芽不易破壳。如果在春季育苗，必须进行人工催芽。

催芽可打破长柄扁桃种子休眠，加速种子内部受力活动，使不溶性营养成分变成可溶性营养成分。例如，蛋白质转变为氨基酸及其他可溶性蛋白等供给种胚萌发所需营养，促进种子萌发。大量实践证明，长柄扁桃种子休眠期为 50～80 天，若不进行催芽处理，在播种当年不仅出苗晚，而且萌发率低，甚至不萌发，有的播种第二年春或秋冬才大量发芽，造成苗木高矮不齐，产量低，苗木质量差，给后期苗圃管理带来极大麻烦。经催芽的种子，播种后发芽快、出苗齐、苗木的质量和产量都显著提高。长柄扁桃种子采用以下流程催芽。

1. 精选种子

长柄扁桃精选种子可采用筛选加风选的方式，借以筛子的筛孔大小和风力进行种子分级，除去杂质和不合格的种子，提高种子的萌发率。

2. 种子消毒

为防止种子本身携带的病虫害侵染，常进行种子消毒处理。可在播种前 1～2 天，用浓度 0.15%的福尔马林溶液（1 份浓度为 40%的福尔马林原液加 260 份水稀释而成），浸种 15～30min，取出后堆放约 0.5h，然后用清水冲洗，去除表面福尔马林溶液。将种子摊开阴干后，即可播种。也可用浓度 0.3%～0.5%的高锰酸钾溶液浸种 2h，取出后堆放约 0.5h，用清水冲洗掉种子表面的高锰酸钾，晾干后播种。除用药剂消毒外，还可用变温消毒法，通过 30℃低温水浸种 12h，再用 60℃温水浸种 2h，也可实现消毒的目的。

3. 催芽

1）浸种催芽

热水浸种：先用 80℃热水冲泡，人工搅拌至 35℃。用热水浸种时，水与种子的体积比为 2∶1。向盛水的容器中倾倒种子时，边倒边搅拌，使种子受热均匀，随后浸泡，以后每天换冷水一次，令种壳吸水充分软化，需 7～8 天。

冷水浸种：主要做法是在室温下浸种 24～48h，使种皮软化并除去种皮的抑制物质。经长期干藏的种子要浸种 3～5 天，每天换水，加速抑制物的去除。流水浸种效果更好。

通过冷水浸种或热水浸种获得种子，置于室内或室外覆膜增温保湿催芽，在 20～27℃催芽，待 1/3 露白时播种。

2）层积沙藏

在种子量较大的情况下，于地势高、排水良好、背风阴凉处，挖深 60～80cm、宽 80～100cm 的坑，长度随种子量多少而定。入冬后，先将种子清水浸泡 2～3 天，期间每天更换清水，待种子完全浸透后，消毒种子，将种子用 2～5 倍经过消毒的河沙（含水量 60%，手握住成团松开即散）混合均匀。在沟底先铺一层 10cm 厚的湿沙，再把混合均匀的种沙填到沟内，待堆到离地面 10cm 左右时，摊平，再覆湿沙，最上面呈屋脊形。沙堆上每 1～2m 插一秫秸把至沟底，以利通气。待到翌年春季开始解冻后及时检查并翻动，以防种子发霉，待种子 1/3 露白时播种。若不能及时播种，需要控制过快发芽，可采取翻种、遮阴等降温措施延缓发芽进程。

少量种子可在冰箱内进行层积催芽，少量至中等数量种子也可在箱内或花盆等容器内进行层积催芽，把盛放种子的容器放置在室外或者冷库中，箱内可用消过毒的湿沙作基质。在整个催芽期间要仔细检查水分状况，要采用能排水的容器，使多余的水分能够渗出。

层积种子还要防止鼠害等。

3）机械处理催芽

长柄扁桃木质化的种壳是阻碍长柄扁桃萌发的一个重要因素，对其进行机械处理可明显起到催芽作用。可用加热针或电热丝将种壳灼烧一个小孔完成机械处理。可以看出机械处理费工，且容易破坏种仁完整度，不适宜大面积推广。

4）化学处理催芽

可使用赤霉素（GA）进行催芽，长柄扁桃的种子经消毒后用清水洗净，经 60～80℃的热水浸泡 1h，取出种子滤干水，然后置于 4%的赤霉素溶液中，浸泡 8h，也可用低浓度的赤霉素溶液延长浸泡时间，捞出后按 1∶2～1∶5 的比例将种子与经过消毒的河沙混合均匀，保持湿度，增温催芽（李永华和朱强，2014）。

5）酸蚀处理催芽

用强酸处理种壳，根据核壳厚度，用 95%的浓硫酸处理 15～60min（核壳厚则适当延长处理时间），处理后用冷的流水彻底冲洗种壳表面。播种前将种子置于浓硫酸中浸泡 1～4h，取出后用清水冲洗干净即可播种。经酸蚀处理的种子不宜再储藏，且不宜过度处理，否则会导致种仁受损，反而降低发芽率。

目前长柄扁桃种子催芽大多采用冷水浸种、热水浸种和层积沙藏处理，皆可实现最好的催芽效果。为了更好地提高种子的催芽率，也可结合多种处理。例如，可利用赤霉素处理再结合层积沙藏处理，实现长柄扁桃种子较高的催芽率。

（四）播种前的准备工作

1. 土壤准备

整地和施肥：播种前要对苗圃施腐熟有机肥、基肥，耕地，作苗床。要求播种地土壤疏松通气、土粒细碎、床面严整、一般起垄、便于灌溉与排水。耕地深度一般为 30～40cm。春播用地应在上年秋季深耕，经过冬天风化，使土壤结构疏松，还可杀死地下害虫。秋播用地应在播种 1～2 个月前深耕，播种前再进行浅耕，随即耙平土地。经过深耕、风化、浅耕之后，即可开沟起垄作床。苗床宽为 1.0～3.0m，长度自定。一般作高床。整地作床时，要注意清除杂草、树根、枯枝、碎砖、石块等。

基肥应以腐熟的农家肥为主，常用的有人粪尿、家畜粪、草木灰、菜籽饼等，通过堆沤充分腐熟。一般每亩用肥量为 2.5～5.0t。有机肥能够改善土壤物理结构，增加土壤肥力。

2. 土壤处理

以长期连作的苗圃地或者有土壤病原菌和土壤害虫的土地作为苗圃地，需要通过土壤处理消灭土壤中的病原菌和害虫。常用高温和药剂熏蒸处理。

高温处理常采用烧土法，将柴草堆放在苗圃地焚烧，产生高温，实现土壤灭菌，生成草木灰，还可增加土壤肥力。

药剂熏蒸处理一般用浓度为 0.5%～0.8%的福尔马林喷洒土壤，或者用五氯硝基苯混合剂按每平方米 4～6g 施用量与细沙土混匀，作药土。播种前把药土撒于播种沟底，厚度约 1cm。也可使用敌克松、硫酸亚铁等国家允许作为土壤消毒剂的药剂。使用这些土壤消毒剂必须按照标签上的说明遵守使用规则，否则不能取得好的防治效果。

（五）播种

1. 播种量

一般每公顷用种量为 750kg 左右。种子经催芽后有 1/3 左右露白时，即可分批挑出萌芽种子进行播种。播种前一般要检查出芽率，以确定播种量。方法为：播种前 1 周左右，随机取 100 粒种子，洗净后放在湿润的吸水纸上保持温度 25℃左右，同时保持湿润，一周后计算发芽率。根据发芽率最终确定播种量。

2. 播种时期

播种时期包括春播、夏播、秋播和冬播，长柄扁桃常采用春播或秋播。

春播：在早春土壤解冻后进行，从播种到幼苗出土时间较短，播种后随气温回升，土壤温湿度适宜，有利于种子发芽和出土，还可避免低温的危害。春播时间宜早。播种早，幼苗出土早、整齐、生长健壮、发育时间长；播种过迟，出土晚，易受日灼等危害，且生长时间短，苗木不能实现当年育苗、当年出土，降低苗木产量，增加苗木培育投入。因此在幼苗出土后不遭受低温危害的前提下，春播的时间尽早为宜，还可模拟自然调节，完成催芽过程，延长生长期。在榆林地区长柄扁桃春播一般在 3 月下旬至 4 月中旬进行。

秋播：长柄扁桃大多采用秋播方式。秋播后，种子能在田间通过后熟自然催芽，开春萌动出苗较早。苗木生长周期长，生长快而健壮，省去种子储藏、催芽工序。秋播宜在初冬土壤封冻前进行。在风沙大或冬季严寒、土质黏重的地方，长柄扁桃种子不能在秋播后顺利通过后熟，由于在土壤中时间较长，易发生霉烂或病虫害，降低萌发率。长柄扁桃种子需冷量50～80天，在土壤理化特性较好、湿度适宜、冬季较短而不严寒的地区，更宜采取秋播。在榆林地区秋播时间一般为10月中旬至11月上旬。

3. 播种方法

长柄扁桃可采用条播、点播、撒播等播种方法进行播种，生产上常采用条播法播种。

条播：顾名思义，是按照一定的株行距将种子均匀地撒播到播种沟内的播种方法。播种深度5cm，秋播应适当加深播种深度，即5～10cm，株距5cm，行距35cm左右。长柄扁桃条播大多采用南北向。条播便于土壤管理、施肥、苗木保护和机械化操作，比撒播节约种子，苗木受光均匀、通风良好，故苗木生长健壮、质量好，起苗工作也比撒播方便。因此条播是长柄扁桃使用最广泛的播种方法。

点播：是指在播种行内每隔一定距离开穴播种，或按一定行距开沟点播的播种方法。对于长柄扁桃大粒优株种子宜采；用点播方式。点播后苗期生长快，可按行距30～50cm、株距10～20cm点播。

撒播：是指将种子全面均匀地播种于苗床上的播种方法。对于种子较小的长柄扁桃可选择采用该播种方法。撒播能充分利用土地，苗木分布均匀，单位面积产苗量高。由于播种量较大，苗木管理难度大。无规律的行间距不便于松土除草和土壤追肥等工作。苗木密度大、光照不足、通风不良，苗木质量不如上面两种方法好，且用种量大。

4. 播种技术要点

开播种沟深度要适宜。长柄扁桃播种沟深度一般在5～10cm。开沟深度要均匀。要控制好播种量，下种要均匀。覆土后一般要进行镇压，若土壤黏重或过湿则不宜镇压。播种时要做到边开沟，边播种，边覆土，可提高种子萌发率。

（六）苗期管理

长柄扁桃苗圃地田间管理包括覆盖、灌溉、排水等，为保证播种苗木质量优良，长柄扁桃苗木种子繁育应实行标准化控制管理。

1. 覆盖

长柄扁桃苗圃地大多在半干旱地区，土壤墒情差，通过覆盖可提高土壤水分保蓄能力，降低灌溉次数，增加地表湿度，防止表土板结等，覆盖材料可以就地取材。可利用大草、玉米秸秆、芦苇及腐殖草炭土，也可采用塑料薄膜覆盖，保温保湿，效果很好，可使幼苗早出土，节约灌溉用水。用塑料薄膜覆盖时，应紧贴床面，幼苗出土时应及时划破薄膜，并用湿土压实薄膜的出苗孔，防止高温灼伤幼苗。还可通过喷洒土面增温剂进行覆盖。土面增温剂是喷洒于土面，形成一层化学覆盖膜，起保蓄水分和提高土温作用的一种化学制剂。土面增温剂的使用可提高地表温度，促使幼苗早出土。幼苗出土率在60%～70%时，应分2或3次逐次撤去覆盖物。

2. 灌溉与排水

种子萌发时需要大量水分。播种后及时灌溉，幼苗发芽快，出苗早，萌发率高。幼苗出土前要保持床面湿润，在气候干燥、土壤水分不足的情况下要及时灌溉。长柄扁桃种子在播种前最好灌足底水，播种后在不影响种子萌发的情况下，尽量不灌溉。如果灌溉，则必须持续到幼芽出土。灌溉水分不宜过大，否则会使种子腐烂，尽量采用细雾喷水。幼苗刚出土时，不宜用漫灌法灌溉。出苗期完成进入幼苗生长期，长柄扁桃根系分布较浅，该时期幼苗组织幼嫩，怕干旱，是对水最敏感的时期，不能缺水。幼苗快速生长期是需水量最多的时期，一旦缺水，对地上、地下生长影响巨大。长柄扁桃苗圃地土壤保水能力好的灌溉量宜多，灌溉间隔期可长些；像沙土等保水能力差的，灌溉量要减少，间隔期要短。灌溉间隔期可根据土壤湿度而定，当土壤最大持水量小于60%时要及时进行灌溉。灌溉宜在清晨进行，中午气温较高，不适宜进行地面灌溉。灌溉不宜用温度过低的水和含盐量较高的水。温度过低的水可以通过蓄水池暂时存放，提高水温后进行灌溉。

灌溉停止时期，对长柄扁桃苗木的生长、木质化程度和抗性有直接影响。停灌过早对生长不利，过晚对苗木抗寒、抗旱不利。较适宜的停灌期应在苗木速生期生长高峰过后立即停止。长柄扁桃一般在雨季即可停止灌溉。在雨水多的地方，要做好苗圃地的排水，保证苗圃地的水能及时排出。

3. 中耕

及时中耕可防止苗圃地土壤板结现象的发生，中耕可促进土壤气体交换，切断土壤毛细管，防止水分蒸发，减轻土壤返盐现象，为土壤微生物创造适宜条件，促进苗木生长。灌溉或降雨后应及时进行中耕以减少土壤养分蒸发。中耕不宜过深，幼苗期2～4cm为宜，后期可适当加深。

4. 除草

播种6～8天出苗后，应及时清除杂草，要本着“除小、除了”的原则，利用人工除草，省工省力。也可用化学除草提高除草效率，但化学除草剂具有选择性，技术要求高。在生产中要具体分析除草剂类型和苗圃地杂草类型，合理选择，严格按照说明书安全操作。由于杂草与幼苗存在激烈的肥水竞争关系，对长柄扁桃幼苗极其不利。消除苗圃地杂草，常常成为长柄扁桃育苗圃最费力的工作内容，因而对长柄扁桃适宜除草剂的筛选显得非常必要。本书编者将市面上常见的除草剂在长柄扁桃苗圃应用试验，并对除草效果进行了分析评价，以期为长柄扁桃幼苗化学除草剂的筛选和应用提供参考。

由不同除草剂对长柄扁桃苗圃杂草的防治效率（表 3-1）可以看出，除 10%农得时外，其余除草剂处理的杂草数量均较对照显著降低，其中，48%灭草松的杂草防除效果明显，防治效率随着剂量的增加而升高，当剂量升至 0.297mL/m^{2}时，防治效率达到 85%，是所有除草剂处理中防治效率最高的。12.5%拿扑净+48%灭草松处理的杂草防除效果比单独施用 48%灭草松的差，但要优于单独施用 12.5%拿扑净，混合后二者存在互相作用，使各自的药效发生了改变。此外，当 10.8%盖草能与 48%排草丹混合后，二者的药效均得到促进，高剂量作用下，杂草防治效率达到 66%（许新桥和刘俊祥，2014）。

表 3-1 不同除草剂处理对长柄扁桃苗圃杂草的防治效率（许新桥和刘俊祥，2014）

配方	剂型	剂量/[mL（g）/m^2]	杂草数量/（株/m^2）	防治效率/%
对照	清水	—	68	—
14%草除灵	乳油	0.090	24*	65
		0.105	52*	24
		0.120	46*	32
48%灭草松	乳油	0.225	38*	44
		0.262	20*	71
		0.297	10*	85
10%农得时	可湿粉	（0.017）	62	9
		（0.025）	64	6
		（0.033）	64	6
10%苯磺隆	可湿粉	（0.017）	40*	41
		（0.025）	40*	41
		（0.033）	30*	56
10.8%盖草能	乳油	0.090	34*	50
		0.105	32*	53
		0.120	32*	68
12.5%拿扑净	乳油	0.150	52*	24
		0.180	58	15
		0.225	30*	56
48%排草丹	乳油	0.157	40*	41
		0.187	58	15
		0.217	52*	24

续表

配方	剂型	剂量/[mL（g）/m²]	杂草数量/（株/m²）	防治效率/%
10.8%盖草能+48%排草丹	乳油	0.042+0.155	28*	59
		0.055+0.187	26*	62
		0.078+0.217	23*	66
12.5%拿扑净+48%灭草松	乳油	0.152+0.225	18*	74
		0.180+0.262	32*	53
		0.225+0.297	18*	74
50%异丙隆	可湿粉	（0.150）	48*	29
		（0.180）	61	10
		（0.210）	51*	25

注：表中同列数据后的*表示较对照显著降低，$P<0.05$

长柄扁桃苗圃试验地的杂草以藜科、禾本科为主，菊科、紫草科、十字花科、蓼科等杂草也有分布。不同除草剂处理的杀草谱不同（表 3-2）、不同地区长柄扁桃苗圃杂草种类可能不同，因此针对不同杂草，除草剂的防治效果也不同，可以根据表 3-2 调整应用相应的除草剂。在所有除草剂处理中，50%异丙隆的杀草谱最广，各处理对藜科杂草均有较好的防治效果。禾本科杂草对 14%草除灵、10.8%盖草能、12.5%拿扑净、48%排草丹、10.8%盖草能+48%排草丹、12.5%拿扑净+48%灭草松和 50%异丙隆处理的敏感度较高（许新桥和刘俊祥，2014）。

表 3-2　不同除草剂对长柄扁桃苗圃杂草的防治效果（许新桥和刘俊祥，2014）

配方	剂量/[mL（g）/m²]	杂草分类								
		藜科	禾本科	刺儿菜	麦家公	水蓼	荠菜	地锦	平车前	簇生卷耳
14%草除灵乳油	0.090	+	—	—	—	—	—	—	—	—
	0.105	+	++	—	—	—	—	—	—	—
	0.120	+	—	+	—	—	—	—	—	—
48%灭草松	0.225	+	—	—	—	—	—	—	—	—
	0.262	+	—	—	—	—	—	—	—	—
	0.297	+	—	—	—	—	—	—	—	—
10%农得时	（0.017）	—	—	—	—	—	—	—	—	—
	（0.025）	+	—	—	—	—	—	—	—	—
	（0.033）	+	—	—	—	—	—	—	—	—
10%苯磺隆	（0.017）	+	—	—	—	—	—	—	—	—
	（0.025）	+	—	—	—	—	—	—	—	—
	（0.033）	++	—	—	—	—	—	—	—	—

续表

配方	剂量/[mL（g）/m^2]	杂草分类								
		藜科	禾本科	刺儿菜	麦家公	水蓼	荠菜	地锦	平车前	簇生卷耳
10.8%盖草能	0.090	+	－	－	－	－	－	－	－	－
	0.105	+	－	－	－	－	－	－	－	－
	0.120	+	++	－	－	－	－	－	－	－
12.5%拿扑净	0.150	+	+	+	－	－	－	－	－	－
	0.180	+	+	－	－	－	－	－	－	－
	0.225	+	+	－	－	－	+	－	－	－
48%排草丹	0.157	+	+	－	－	－	－	－	－	－
	0.187	+	+	－	－	－	－	－	－	－
	0.217	+	+	+	－	－	－	－	－	－
10.8%盖草能+48%排草丹	0.042+0.155	+	－	－	－	－	－	－	－	－
	0.055+0.187	+	－	－	－	－	－	－	－	－
	0.078+0.217	+	+	－	－	－	－	－	－	－
12.5%拿扑净+48%灭草松	0.152+0.225	+	+	－	－	－	－	－	－	－
	0.180+0.262	+	+	－	－	－	－	－	+	－
	0.225+0.297	+	+	－	－	－	－	－	－	－
50%异丙隆	（0.150）	++	+	+	－	－	－	－	+	+
	（0.180）	－	+	+	－	－	－	－	－	+
	（0.210）	+++	+	+	－	+	－	－	－	+

注：藜科（Chenopodiaceae），禾本科（Poaceae），刺儿菜（Cirsium setosum），麦家公（Lithospermum arvense），水蓼（Polygonum hydropiper），荠菜（Capsella bursa-pastoris），地锦（Euphorbia humifusa），平车前（Plantago depressa），簇生卷耳（Cerastium fontanum subsp. triviale）。表中“－”表示杂草对该除草剂不敏感

不同除草剂处理对长柄扁桃苗的株高、地径和伤害指数的影响不同（表 3-3）。14%草除灵、48%灭草松、12.5%拿扑净+48%灭草松处理下，苗木的株高和地径受到了显著的抑制。10%农得时、10%苯磺隆、48%排草丹、10.8%盖草能+48%排草丹、50%异丙隆处理下，与对照相比，苗木的受害程度增加。10.8%盖草能、12.5%拿扑净处理下，苗木未出现受害症状，与对照相比，苗木长势得到了促进（许新桥和刘俊祥，2014）。

化学除草剂的选择要兼顾杂草防效和苗木安全，合适的除草剂既要达到杂草防治的效果又不能抑制苗木的正常生长。48%灭草松和 12.5%拿扑净+48%灭草松处理对杂草的防治效率较高，但苗木生长被显著抑制，苗木表现出明显的药害症状。因此，二者不宜在长柄扁桃苗圃杂草的化学防治上应用。10.8%盖草能和 12.5%拿扑净处理下，苗木生长未受到显著影响，高剂量时二者的杂草防治效率达到 68%

和 56%，并且长柄扁桃无明显的药害症状，二者起到了杂草防除的作用且对苗木安全，适合用于长柄扁桃苗圃杂草的化学防治（许新桥和刘俊祥，2014）。

表 3-3　不同除草剂处理对长柄扁桃苗生长的影响（许新桥和刘俊祥，2014）

配方	剂量/[mL（g）/m^2]	株高/cm	地径/mm	伤害指数/%
CK	清水	15.78	2.50	9
14%草除灵乳油	0.090	11.21*	2.46	2*
	0.105	5.66*	1.91*	3*
	0.120	8.58*	2.51	6
48%灭草松	0.225	14.48	2.67	8
	0.262	11.48*	2.42	19（*）
	0.297	11.46*	2.81	6
10%农得时	（0.017）	17.69	2.38	0*
	（0.025）	21.41（*）	2.96	13（*）
	（0.033）	28.44（*）	3.11（*）	24（*）
10%苯磺隆	（0.017）	29.45（*）	3.63（*）	9
	（0.025）	24.13（*）	3.33（*）	56（*）
	（0.033）	15.85	2.29	58（*）
10.8%盖草能	0.090	26.67（*）	2.26	0（*）
	0.105	19.79（*）	2.24	0（*）
	0.120	17.47	2.10	0（*）
12.5%拿扑净	0.150	22.25（*）	2.33	0*
	0.180	21.28（*）	2.39	5*
	0.225	18.40	2.29	0*
48%排草丹	0.157	20.35（*）	2.05*	46（*）
	0.187	25.54（*）	2.11*	44（*）
	0.217	25.67（*）	2.64	51（*）
10.8%盖草能+48%排草丹	0.042+0.155	24.99（*）	2.21	54（*）
	0.055+0.187	21.47（*）	2.35	65（*）
	0.078+0.217	nd	nd	100（*）
12.5%拿扑净+48%灭草松	0.152+0.225	16.34	2.13*	46（*）
	0.180+0.262	17.03	1.89*	58（*）
	0.225+0.297	12.78（*）	1.66*	79（*）
50%异丙隆	（0.150）	16.47	2.94（*）	18（*）
	（0.180）	13.39（*）	2.62	18（*）
	（0.210）	25.64（*）	2.55	24（*）

注：表中同列数据后的*表示较对照显著降低，（*）表示较对照显著升高，$P<0.05$，“nd”表示植株全部受害死亡，未测得数据

不同除草剂复配后，成分间可能发生互作，使各自的药效改变，产生协同或拮抗作用。12.5%拿扑净+48%灭草松处理的杂草防除效果介于二者单独使用时的药效，而对苗木的伤害指数却较单独使用时显著增加；当 10.8%高效盖草能与 48%排草丹复配后，二者的药效均得到了促进，但苗木受害指数亦显著升高。因此，在复配除草剂时，一定要以杂草防除率和苗木伤害程度为依据，在进行小区试验后再大规模应用（许新桥和刘俊祥，2014）。

目前，针对杂草的防除已开发出许多类型的除草剂，重点已经向如何减轻或避免危害苗木的方向发展。一方面，前期的除草剂筛选试验尤为重要，针对不同苗木筛选适合的除草剂是进行林业有害植物化学防控的前提。另一方面，安全剂的开发和使用为提高除草剂的选择性提供了简单、高效的方法，二氯丙烯胺能对抗大麦中的克草敌对脂肪酸链的延长起到抑制作用，解草啶对丙草胺的安全剂保

护作用已在水稻上得到了验证，针对长柄扁桃，应加强除草剂安全剂及其作用机制的研究。此外，通过传统杂交育种、诱变育种、组织培养筛选或转基因等手段可获得抗除草剂突变体，如抗咪唑啉酮的玉米、水稻、油菜、甜菜等和对草甘膦、草铵膦“双抗”的棉花、大豆、玉米等均已大面积推广种植，抗除草剂植物的培育和推广有益于除草剂的灵活选择，增加了除草剂使用的多样性，长柄扁桃抗除草剂突变体的发掘和创制将是今后研究的重要方向。

5. 间苗

苗木过密时致使每株苗木的光照不足，通风不良，营养不足，生长细弱，根系不发达，易感染病虫害，致使苗木质量较差。间苗可改善光照条件、通风条件，以及提高苗木的营养吸收面积，进而提高合格苗的产量。

长柄扁桃苗圃地间苗对象为过密苗、感染病虫害苗、生长不良孱弱苗、机械损伤苗和少数生长高大的“霸王苗”等。在苗高 5cm 左右时进行间苗，保留株距 5cm。断行处可用所间优选苗以“随间随补”的方式人工移植补苗。

间苗时应注意防止把保留苗根带出，在间苗后立即灌溉间苗时所产生的苗根孔隙。

6. 追肥灌水

追肥与苗木的生长质量密切相关，是长柄扁桃苗圃管理至关重要的环节。追肥是在苗木生长发育期间追施速效性肥料。长柄扁桃苗圃地施肥方式有撒施、沟施和浇灌施等。把肥料均匀地撒在苗床上并灌溉即为撒施；在苗木行间附近开沟，把肥料施入后覆土灌溉，即为沟施；而浇灌施是把肥料溶解在水中，通过浇灌的方式施在苗床面上或行间，常采用水肥一体化实现灌溉和追肥。追肥以沟施法最为简单高效，也是长柄扁桃苗圃地常用的追肥方式。

长柄扁桃幼苗在幼苗期和速生期需要大量的氮、磷、钾，因此长柄扁桃苗圃地追肥主要在幼苗期和速生期进行。在陕西榆林地区，主要在 5 月中下旬至 6 月下旬追肥 2～3 次。每亩施尿素 10kg 左右。肥料开沟后均匀施入，然后覆土，并结合灌溉。长柄扁桃苗圃地追肥不宜过早也不宜过迟。过早追肥因苗根弱、吸收能力差而造成浪费，过迟则会使苗木徒长，木质化程度低，抗击性差，不利于越冬。因此在追肥后期，应适当增加磷、钾，促进长柄扁桃苗木加粗径向生长，增加磷、钾在植物中的储存，加速苗木木质化。苗木封顶前一个月（在陕西榆林地区，于 8 月上旬左右）停止施肥、灌水。

长柄扁桃苗木生长期间应做好记录工作，包括气象数据、苗木生长曲线、施肥等管理措施、灌溉方法和时期、新梢的萌发时间及生长量，以及苗木出圃时的含水量。

（七）病虫害防治

病虫害防治是长柄扁桃苗圃育苗非常重要的环节，长柄扁桃苗圃地病虫害防治要做到以防为主，处理不当常导致苗木质量低下。由于长柄扁桃大多生长于干旱、半干旱地区，苗圃地也大多在干旱、半干旱地区，长柄扁桃很少发生病害，偶有白粉病出现。而虫害常常是造成长柄扁桃苗圃地重大损失的一个主要因素，主要有地下害虫、叶片害虫，如金龟子幼虫及成虫、蚜虫等。

1. 白粉病防治

1）识别特征

症状表现在受害部位覆盖一层白色粉末状物，其为病菌的营养体和繁殖体。白粉病大多危害长柄扁桃的嫩叶、嫩梢，花和果实较少感染白粉病。白粉病会造成叶片早落、嫩梢枯死、落花落果。

2）病原

白粉菌。

3）发生特点

病菌在叶、梢、枝等器官越冬。长柄扁桃白粉病一般在5～6月的春梢和8～9月的秋梢发病。苗圃管理粗放、苗木过密、通风透光不良、雨水多、土壤潮湿等情况下病害较严重。

4）防治方法

加强长柄扁桃苗圃地管理，合理密植、控制氮肥。春季萌芽前喷波美度为3～5的石硫合剂，萌芽后喷波美度为0.2～0.5的石硫合剂，或70%的甲基托布津可湿性粉剂800～1000倍液等。病害发生初期，人工摘除感病茎叶，集中在苗圃地外烧毁。

长柄扁桃苗圃地大多选择在干旱、半干旱区，白粉病害发生较轻，因此白粉病通常不是长柄扁桃苗圃病虫害防治重点，但要在湿度较大地区建立长柄扁桃苗圃地则需防治白粉病。

2. 金龟子害虫防治

金龟子属鞘翅目金龟甲科，俗称铜壳螂、金爬牛、瞎撞子等。幼虫通称蛴螬。幼虫主要危害长柄扁桃的根，幼苗根系被咬断或蚕食殆尽，导致整株死亡，尤其是在长柄扁桃适生区的沙壤土地，危害特别严重。在富含腐殖质的壤土中，也容易发生金龟子危害。成虫取食危害植物叶片或花。

金龟子1～2年繁殖一代，成虫大多于黄昏时分活动，夜间取食长柄扁桃叶片，白天潜藏于土壤、枯落物下或植物叶片上。成虫有强烈的伪死性和趋光性。卵产于土中，肉眼难见。

1）生物防治

鸟类、两栖类、爬行类，如斑鸠（山鸽子）、杜鹃（布谷鸟）、喜鹊、乌鸦、青蛙、蟾蜍、蜥蜴等，都是金龟子的天敌，可以利用天敌防治金龟子。

2）人工防治

利用成虫的假死性，于傍晚振动树枝，捕杀落地成虫。

3）物理防治

利用成虫的趋光性，在19：00～22：00，悬挂黑光灯诱杀成虫。铜绿金龟子等具有较强的趋光性，在有条件的园内可安装一个黑光灯、紫外灯或白炽灯，在灯下放置一个水盆或水缸，使诱来的金龟子掉落在水中扑杀，也可直接使用振频式杀虫灯诱杀。

蛴螬危害严重的苗圃地，播种和栽苗前，采用大水漫灌3天，并及时清除浮出水面的幼虫。或每亩用0.5kg 2.5%敌百虫拌30倍细土撒施于苗圃地地面后翻入土中，做好金龟子预防工作。

4）趋化防治

可在园内设置糖醋液（红糖1份、醋2份、水10份、酒0.4份、敌百虫0.1份）诱杀盆进行诱杀。下雨时要遮盖，以免雨水落入盆中影响诱杀效果。

5）药剂防治

成虫危害期，喷50%甲胺磷800～1000倍液，或50%辛硫磷800～1000倍液、40%氧化乐果乳液1000倍液，在成虫盛发期每隔2～3天喷洒一次，连续喷洒2～3天。这样基本就能防除金龟子的危害。4月中旬，在金龟子出土盛期用40%安民乐或40%好劳力乳油200～300倍液喷洒树盘土壤，能杀死大量出土成虫。

长柄扁桃金龟子虫害的防治可采用多种防治方式同时使用的方法。此外，在选择苗圃地时，应选择排灌方便的地段；施用有机肥时，要充分腐熟，这些都可减少金龟子虫害的发生。

3. 蚜虫防治

蚜虫属同翅目蚜虫科，体微小柔软，常成千上万地聚集于苗木的嫩芽、嫩枝或嫩梢上吸食树木汁液，分泌蜜露，沾污新梢。着生于长柄扁桃新梢上的蚜虫生活史复杂，营两性生殖或孤雌生殖，世代交替。一年中世代重叠，繁殖迅速，一年可发生10代以上。蚜虫的危害与季节、气候密切相关。如春末天旱时，极易发生较大的虫害。

1）生物防治

瓢虫（如七星瓢虫）和草蛉等是蚜虫的天敌，在蚜虫尚未大量形成危害时，可以采用增加蚜虫天敌的数量来控制其大规模的发生。

2）药剂防治

发现大量蚜虫时，用 40%氧化乐果乳剂 1500～2000 倍液喷洒；或 25%亚胺硫磷乳剂 1000 倍液喷洒；或用 10%吡虫啉 4000～6000 倍液（或 5%吡虫啉乳油 2000～3000 倍液）喷雾。每亩用尿素 0.5kg 兑水 50～100kg，加延展剂（常用洗衣粉）125g，搅拌均匀后喷洒在树上。

3）物理防治

可在有翅蚜大量发生时用黄板诱杀。可购买成品黄板，也可自制黄色板刷机油，放置于林中。

在长柄扁桃苗圃地发生蚜虫危害时，利用蚜虫具有强烈的趋黄性，可悬挂黄色黏虫板控制害虫的发展，每亩悬挂 24cm×30cm 黄板 20 块左右（可根据黄板尺寸大小，调整悬挂的数量）。黄板悬挂高度以高于长柄扁桃幼苗苗木顶部 20cm 为宜。当黄板粘满害虫后，可用木棍剥下或用水冲掉，可多次使用。

（八）苗木出圃

当长柄扁桃苗木达到一年生实生苗一级指标时，即可出圃。苗木出圃是育苗工作的最后环节，出圃苗木质量与栽植成活率及栽植生长状况等有直接关系。出圃前先做好充分准备，对圃内苗木进行调查，核对苗木种类、数量，准备包装材料和运输工具，确定临时假植和越冬的场所等。

苗木出圃包括起苗、苗木分级、假植、包装和运输等工序。而保持苗木活力，是所有工序的基础。包括防止根系受损、苗木流失、发热、腐烂等。如果活力保护跟不上，就很容易造成苗木死亡。

1. 起苗

1）起苗时间

长柄扁桃起苗时期应与造林季节相配合，尽量随起随栽。长柄扁桃生产上常见的起苗季节有春季、夏季（即雨季）和秋季。春季在土壤解冻后，苗木发芽前起苗。夏季（即雨季）造林用苗随起随栽。秋季起苗时间要求在新梢停长、已充分木质化、顶芽形成并开始落叶时进行。

起苗时间最好选在无风的阴天，一天中 22：00 以后至翌日 6：00 起苗最佳。起苗时土壤水分不宜过多或过少，以饱和含水量的 60%最适宜。苗圃地土壤干燥时，应提前 1 周左右适当灌水，使土壤湿润。

2）起苗方法

人工起苗：播种苗起苗时，可距第一行苗行方向 20cm 左右挖一条沟，下部挖出斜槽，根据苗的根系分布及起苗要求切断苗根，再于第一、二两行苗中间切断苗根，把苗木与土一起推倒在沟中即可取出苗木。捡苗之前全部切断根系，捡苗时防止拔根，以免损坏苗的须根和侧根。

机械起苗：在长柄扁桃苗木数量较大时，应考虑以机械起苗方式起苗。机械起苗工作效率高、成本低、起苗质量好。目前，长柄扁桃没有专门的起苗机，但可借用其他苗木的起苗机。机械起苗是长柄扁桃未来起苗的发展方向。

长柄扁桃苗木起苗出圃时，应检测幼苗的含水量，不能因脱水影响苗木活力。

3）其他技术要求

起苗深度与根幅：长柄扁桃幼苗起苗时要达到一定深度，尽量保持根系的完整。要做到少伤侧根，保持根系比较完整和不折断苗干。一年生长柄扁桃播种苗的起苗深度要达到30cm左右，具体深度要根据根系分布调整，在黏土地根系分布较浅，可适当减小起苗深度；而在沙土地根系分布较深，起苗也应更深。例如，榆林地区长柄扁桃苗木起苗时，起苗深度过浅，仅有主根和少量侧根，导致苗木造林后成活率低。根幅宽度因苗木大小和行距而异，一般距苗干的距离为10～20cm。

根系处理：裸根苗木应蘸泥浆，如有条件，需喷洒蒸腾抑制剂，同时要防止根系暴露，避免风吹日晒。最大限度地减少水分损失。如有过长的根系、劈裂根系、病虫害感染根系，应及时修剪掉。为平衡苗木的地上、地下，需修剪地上部分枝叶。

假植：不能及时移植或异地运往造林地的苗木，应立即假植（图3-2）。秋季起苗出供翌春定植和造林的苗木，应选择背风、地势高、排水良好的地方挖假植沟，假植越冬。越冬假植要掌握疏摆、深埋、培碎土、踏实的要领；应避免在细沙土或黏土地进行假植。

图3-2　长柄扁桃苗木假植

假植方法因地而异，在陕西榆林地区，气候寒冷，需全株埋土进行越冬假植。假植地应选择避风、干燥、平坦的地块，风大地区要设置防风障。先挖假植沟，沟宽50cm左右，深度60～100cm，长度随苗木数量而定。再将苗木上的叶片尽数拶掉，以免发霉。沟底先铺一层 10～15cm 厚的湿沙或沙土。依次将苗木梢部向南倾斜地放入假植沟并覆土。覆土时要分层踏实，确保根系与土壤紧密接触。覆土厚度一般为苗木的三分之二。为保持湿润，在沙土地块假植需在沟内浇水。每个品种要放上标签，品种与品种间要隔开距离，以防混杂，最后绘制一份苗木假植图。苗木假植后要经常检查，防止苗木风干、霉烂，或遭受鼠、兔危害。在风沙和寒冷地区的假植场所，要设置防风障。

2. 苗木分级

起苗后，应立即在背风遮荫处对苗木进行分级。我国尚没有制定长柄扁桃国家苗木分级标准，可参照《陕西省地方标准——长柄扁桃标准综合体》（DB61/T560.1～3—2013）对苗木进行选苗分级（表 3-4）。该分级形态指标包括苗高、地径、根系长及侧根数量。还应关注其生理指标，包括苗木色泽、木质化程度等，以这些生理指标作为控制，凡生理指标不达标者，均为废苗。合格苗分为Ⅰ、Ⅱ两级，由地径和苗高两项指标确定，在苗高、地径不属同一等级时，以地径所属级别为准。通过苗木分级工作，剔除少量不合格苗。筛选分级苗时按不同品种、规格等级系上标签，残次苗要分开存放处理，可定植到苗圃地继续培养。分级同时需进行苗木修剪，主要是剪除生长不充实的枝梢及病虫害部分和根系受伤部分，同时为了便于包装和运输，事先对过长、过多的枝梢适当修剪，但剪口要平滑，剪除部分不宜过多，以免影响苗木质量和栽植成活率。

表 3-4　长柄扁桃一年生实生苗分级指标

种类	级别	苗高/cm	地径/cm	根系长/cm	>5cm 长的Ⅰ级侧根条数
播种苗	Ⅰ级	>50	>0.5	>10	>15
	Ⅱ级	35～50	0.3～0.5	7～10	10～15

3. 检疫与消毒

苗木检疫，是国家以法律手段和行政措施防止人为传播危险性病、虫、杂草等有害生物的一项重要措施。大量事实证明，许多有害生物，包括各种植物病原物及有关的传病媒介、植食性昆虫、螨类和软体动物、对植物有害的杂草等，可以通过各种人为因素，特别是通过调运种苗等途径，进行远距离传播和大范围扩散。这些有害生物一经传入新区，由于缺少天敌，如果再加上条件适宜，其生存和繁衍不受控制，极易造成严重危害。近年来在长柄扁桃自然分布区出现大量美国白蛾，即苗木在调运过程中检疫把关不严所致。

由于现代化交通手段和交通范围的扩大，苗木等繁殖材料的扩散比以往更加容易、更加迅速，这也使得苗木检疫更加困难、更加重要。检疫对象包括两个方面：一是指经国家有关植检部门科学审定并明文规定，要采取检疫措施禁止传入的某些植物病、虫、杂草；二是指各省（自治区、直辖市）补充规定的检疫对象，是根据本地区安全生产的需要在各地植检法规中所规定的不准传入的危险性病、虫、杂草。

长柄扁桃苗木在省际调运时，必须经过检疫，对带有检疫对象的苗木，应禁止调运，并予以彻底消毒。

对有检疫对象和应检病虫的苗木，必须按国家和地方植物检疫法令、植物检疫双边协定及贸易合同条款等规定，实施消毒、灭虫或销毁处理，对其他苗木也应进行消毒灭虫处理。在生产上，常用的消毒方法有以下几种。

1）热水处理

可有效防治各种有害生物，包括病菌、线虫及一些螨类和昆虫。热水处理时，应注意所采用的温度与时间的组合，必须既能杀死有害生物，又不能超出长柄扁桃幼苗的忍受范围。长柄扁桃幼苗经热水处理时，其可忍受的温度和时间需要进行研究摸索。

2）药剂浸泡或喷洒

消毒药剂可分为杀菌剂和杀虫剂两类。杀菌剂是一类对真菌或细菌具有抑制或杀灭作用的有毒物质。常见的有石硫合剂、波尔多液、代森锌、退菌特、甲基托布津、多菌灵等，这些药剂都可用于长柄扁桃消毒。例如，长柄扁桃苗木消毒时，可用波美度为3～5的石硫合剂喷洒或浸苗10～20min，然后用清水冲洗根部。

杀虫剂的种类较多，包括无机杀虫剂和有机杀虫剂两大类。例如，硫黄制剂属于无机杀虫剂；有机氯杀虫剂、有机磷杀虫剂、氨基甲酸酯杀虫剂等属于有机杀虫剂。另外还有杀螨剂等专门定向防治植食性螨类的杀虫剂。在长柄扁桃苗木进行杀虫剂处理时，可根据防治对象进行选择。

3）药剂熏蒸

溴甲烷这种无色、无味、不燃烧的熏蒸剂，常作为熏蒸药剂用于苗木的害虫杀灭处理。其原理就是利用在密闭条件下，使其挥发产生有毒气体，接触害虫，使其灭亡。在利用溴甲烷对长柄扁桃幼苗进行熏蒸处理时，若发现叶片有药害现象，需将叶片剪去，枝条切口，涂封石蜡保护后，才能进行熏蒸。

药剂熏蒸是一项技术性很强的工作，熏蒸剂对人都有很强的毒性，需专门工作人员进行消毒处理，工作人员必须认真遵守操作规程，应特别注意安全，以免中毒事故的发生。

4. 包装与运输

苗木起苗后，若根系风吹日晒，导致苗木水分的流失和蒸发，则会大大降低苗木的质量，降低苗木栽植后的成活率，延长苗木栽植后的缓苗期。适当的包装可以避免这些现象的发生。

短距离（可 1 天到达）运输的苗木，简单包装即可。将苗木分散放入包装箱内（木箱、纸箱等都可作为包装箱），在包装箱内铺塑料薄膜，将湿润填充物（木屑等）铺放在箱底，然后将苗木分层平放或立放在填充物上，在苗木根部用湿润填充物均匀隔开，包装箱装满后，最上面再放一层填充物即可。

长距离（1 天以上方能运到）运输，需要精细包装。国内苗木调运时，为降低成本，包装材料大多就地取材，选用价廉、质轻、坚韧且吸水保湿，而又不致迅速霉烂、发热、破散的材料，如草帘、草袋、谷草束等。碎稻草、麦颖壳及锯末等常作为填充物。绑缚材料可用草绳、麻绳等。小苗包装时，将根对根摆放在草帘上，根之间填充湿润的填充物，然后打捆包装。大苗包装时根系码向一侧，用草帘将根包住，其内加湿润的填充物，包裹之后用草绳或麻绳捆绑。用谷草束包裹时，先将浸过清水的谷草束向四周均匀分散开呈圆盘状放在地上，再将湿润的填充物平铺在草盘中央，将成捆的苗木立放在中间，然后把四周湿谷草包裹上来，再用绳捆绑好。苗木的包装株数依苗木大小而定，一般每包为 50～100 株。包装好后挂上标签，注明树种、品种、数量和等级等。

国际上调运苗木时，包装要求更加精细和周到，并应符合运输目的地国家的条件和要求，大多需要装箱包装。具体操作方法是：在已经制好的包装箱内（木箱或专用纸箱），先在箱底及四周铺塑料薄膜后，在薄膜上铺一层湿润的填充物（如蛭石、珍珠岩、锯末等），再把苗木分层摆好，同样在苗根之间放相同的湿润填充物，苗木装满后，再在上面覆盖一层填充物和薄膜即可封箱。在空运条件下，如果运输时间较短，也可将苗木装入塑料薄膜袋中（苗根间加些湿润填充物），再装入纸箱运输，效果也不错。同样，装箱完成之后，要挂标签，或在箱上注明树种、品种、等级、数量及苗圃名称等。

二、绿枝扦插苗繁育

长柄扁桃的绿枝扦插苗繁育，就是利用植物器官的再生性能，从亲本上切取枝条制成插穗，在适宜的环境条件下，插穗基部的分生组织经过复杂的生理变化，从形态上进行结构调整产生新的器官，即不定根的形成，培育出与母体完全相同的植株。扦插繁育的苗木可保持母体优良性状。因此，扦插繁育将是长柄扁桃良种繁育的重要手段。

（一）良种采穗圃的建设与管理

采穗圃的建立：长柄扁桃采穗圃以生产大量品种纯正、无病虫害的优质穗条为目的。

1. 品种选择

目前，尚没有长柄扁桃良种，但有一些长柄扁桃优良品系，可根据需要选择适宜的品系进行扦插扩繁，但不宜太多、太杂。

2. 采穗圃立地条件

要选择气候温暖、土壤肥沃、有灌溉条件、交通便利的地方，并尽可能建在苗圃地。

3. 建圃

定植前圃地必须细致整地，施足基肥。所用苗木必须来源清楚，不存在混杂，如果用多个品种或品系建圃时，应按设计图准确排列，栽后绘制定植图。采穗圃的株行距一般密度为 2.0m×1.5m。

4. 管理

为了保证采穗圃的可持续生产，必须采取严格的管理措施。除建圃时施足基肥外，每年秋季一定要施足一遍以厩肥为主的有机肥，施肥量可根据树体大小、采穗量、树势等予以灵活掌握；及时浇水、除草，严格防控病虫害。建圃前两年可以进行适度间作，但严禁在圃地内间种小麦、玉米等高杆和需水肥量大、影响通风透光的作物。建立采穗圃管理档案。

5. 采穗圃的复幼更新

每年萌芽前进行重度修剪，促发健壮幼态穗条。

（二）扦插棚的建立

1. 设施

扦插初期，插穗刚离开母体，仍有较大的蒸腾强度，插穗吸水能力极弱，因此保证插穗不失水是扦插成功的关键所在，故保湿设施是最基本的必要设施。

1）钢制框架连栋大棚或现代化温室

这是在批量生产中使用的主要设施。大棚内配有整套全自动间歇喷雾装置。大棚外面搭建光敏调控遮阳网以便前期遮阴，大棚中建立单层平面穴盘育苗床，南北走向，苗床宽 1.4m、长 30～50m、高 0.25m。大棚大小可依据地块而定。通过全自动喷雾保湿，可满足充足光照，育苗一般成活率高，根系发达，苗木质量好。唯一不足之处是设施的投资费用较高。

2）简易塑料大棚

钢筋骨架，也有用塑料骨架的，南北向，宽度 2.0～2.5m，边缘高度 1.0m，中间高度1.5～1.8m，长度20～30m，如果超过30m可以中间隔断，中间铺砖设简易过道（约30cm），在两端可以设1.0m的隔断以便缓冲。正中间南北设置一条喷雾管，上有雾化喷头，喷头距离1.0m，保证床面喷雾均匀。可以分段设置1～2个自动控制加湿器。如果以细砂作基质，插床下铺15～20cm鹅卵石沥水，其上铺设15～20cm的细砂；如果用轻质网袋扦插，插床内只铺15cm细砂，轻质网袋直接接触地面。棚上亦可以设置定时喷雾装置中午喷雾降温。棚上设置50%透光率遮阳网。

3）暖室内小拱棚

利用已有的一般蔬菜暖棚，棚上设置50%透光率遮阳网，棚内设置1.5～1.8m宽南北走向插床，其内铺设15cm细砂，插床上设小拱棚，可用竹片或金属支架，小拱棚宽度同插床宽度，小拱棚中间高度70～80cm。

4）室外小拱棚

小竹拱棚：南北走向，一般宽为1.0～1.5m，中间高0.7～1.0m，可用于小批量的扦插。竹片或者金属支架。塑料膜覆盖成棚。棚上设置50%透光率遮阳网，可以多条小拱棚上整体搭建遮阳网。可在棚内设置0.8～1.2m宽南北走向插床，其内铺设15cm厚的细砂。

2. 基质的选择

基质一般选用透气透水能力较为均衡的材料，如蛭石、河沙、珍珠岩、过筛炉渣、腐熟锯末、草炭土、腐殖土等。为了保证基质有较好的透气持水能力，一般采用混合基质，如珍珠岩与草炭土混合，河沙和腐殖土混合。混合比例因所扦插的植物材料和品种特性而定。珍珠岩∶草炭土=3∶1配比基质用于长柄扁桃扦插育苗效果较好。

为了提高育苗成活率和移栽成活率，将适宜长柄扁桃扦插的基质罐装塑料营养杯或轻质无纺布网袋，开展容器扦插育苗。

（三）绿枝采集及处理

1. 扦插时间

第一次扦插尽量赶早，我国北方大约是6月上中旬，此时扦插温度容易控制。早扦插，可早移栽，当年生长量大，有利于提高成苗率，扦插当年多数新梢发育到30～50cm。

我国北方大部分地区长柄扁桃秋季扦插，最佳时期为8月中旬，扦插生根后不移栽，落叶后的小苗不存在移栽伤根问题。8月下旬以后穗条木质化加重，采条量减少，温度低，不利于扦插苗生根。秋季扦插生根后可以在苗床上发育一段时间，有利于越冬。

2. 插条采集

确定育苗品种或品系后，选择健壮无病虫害的植株为采穗对象，分品种采集，采集树体基部发育健壮的当年生枝条，剪去枝条中上部幼嫩部分（枝条颜色由绿色转灰色的部位往下15cm，枝条长度50～60cm）。采集时水桶内稍加清水，穗条立放，避免光线直接长时间照射；或者喷水后用麻袋、塑料布包装，避免生热，避免叶片挤压产生物理损伤。采集扦插穗条后，最好随采随插。扦插地离采穗圃较远时，或不能及时扦插时，穗条应在相对湿度95%左右、温度35℃以下的环境中保存，避免厚积堆放。

3. 剪取插条

在阴凉的地方剪取插穗，插穗顶梢、基、中段分开剪并分开放，避免品种混杂。每穗条3～4个节间，长度为12～15cm。顶梢保留1～2片幼叶，中段和基段保留上部2叶，剪留半叶。第一芽以上保留茎段0.5cm平剪，插穗下部斜剪。剪下的插条及时保湿。

4. 激素溶液配制

分别配制800ppm[①]、1500ppm、2000ppm吲哚丁酸（IBA）溶液，称取1g IBA粉末，用70～90mL的95%的乙醇充分溶解，定容到1L即可，定容时应迅速搅拌，加速溶解。注意乙醇用量不可过多，以免引起毒害发生。配制1500ppm、2000ppm的IBA溶液，乙醇用量适度增加，保证激素充分溶解，避免出现絮状悬浮物，同时避免乙醇用量过多。

（四）扦插流程

一般采用现代化自动控制温室或者简易大棚，亦可采用简易温室内套拱棚的模式，简单的小拱棚亦完全可以用来作扦插棚，为了遮阴和降低温度，一般搭设遮阳网。扦插棚内可以结合微喷降温措施。棚内亦可采用加湿器来调节湿度，相对湿度控制在95%～98%，一般保证棚内的温度在25～30℃。

1. 基质的消毒

基质一般在扦插前2天采用0.1%～0.3%浓度的高锰酸钾或者50%多菌灵可湿性粉剂 0.1%～0.2%的溶液进行喷洒，均匀喷雾后翻动一遍。亦可用覆盖塑料膜“闷”数日，保证基质充分均匀消毒。

轻质网袋的应用：用轻质网袋扦插，轻质网袋可以用轻质网袋成型机加工，

---

① $1ppm=10^{-6}$。

亦可人工制作。轻质网袋的直径一般为 4.5cm，基质配比为草炭土∶珍珠岩=3∶1，切段长度为 10～12cm，扦插前 1～2 天进行消毒处理，用 0.1%～0.3%浓度的高锰酸钾或者 50%多菌灵可湿性粉剂 0.1%的溶液浸泡 24h。

2. 蘸药处理

根据茎段的幼嫩程度选择不同浓度的激素处理，一般嫩梢长 40～50cm，剪取时可分为顶梢、中段、下段分别蘸药处理，顶梢选用 800～1000ppm 的浓度进行处理，中段组织可以选用 1500ppm IBA 处理，下段用 2500ppm IBA 溶液处理。蘸药时间为 2～3s。

3. 扦插

用一木棍插孔，浸蘸药液后的接穗插于孔内，扦插深度 3～4cm。扦插密度为插条间距 7～10cm，250～300 个插穗/m^2。如果用轻质网袋扦插，轻质网袋直接码放在沙床或地面，为避免摆放过密，隔一定距离基质块之间添加隔挡。不同枝段生根过程差异较大，为了生根后炼苗方便，不同枝段应相对集中在同一棚内。做好品种标记，切勿把品种搞混。

（五）扦插后的管理

扦插后的管理主要是指扦插工作结束后到大田移栽这段时间的管理。一般分为生根前的管理和生根后的炼苗工作两阶段。

1. 第一阶段的管理

主要是湿度和温度的管理，棚内相对湿度应控制在 90%～98%。温度一般保持在 25～30℃。湿度的调节一般结合微喷和加湿器进行，湿度过大时可适当通风，降低空气湿度，叶片表面偶然可见“露水”，避免长时间凝水。夜间只要保持封闭状态，不必再加湿。温度的控制一般采用遮阳网遮阴和棚内外结合微喷降温。扦插后每隔 7 天，向叶面喷施多菌灵 0.2%的溶液或甲基托布津 0.17%的溶液预防病害。

2. 第二阶段的管理

在生根后进行，俗称炼苗，是在幼苗移入大田前的适应过程，在此阶段主要是注意降低湿度，适当通风，通风不能操之过急，以免湿度变化过大。炼苗要逐渐降低湿度，增加光照，大棚或小拱棚晚上可以打开多一点，白天打开小一点，渐进式进行。自开始炼苗至完全打开全光照条件大约一周的时间，如果遇到连阴天，炼苗时间还要适当延长。炼苗期间要保证基质湿润。当根系基部变褐色开始木质化时进行移植。沙床上的裸根苗在盛夏移栽往往由于伤根缓苗严重，可以先移栽到容器钵，在棚内恢复一段时间后再炼苗移栽。带钵小苗炼苗后可以直接定植到田间或者带钵贮藏。炼苗期间可以进行叶面施肥，一般采用喷洒 0.1%尿素或 0.1%磷酸二氢钾溶液，或两种叶面肥交替进行。生长季移栽前一定要充分炼苗。8 月扦插苗生根后可以在苗床上炼苗至秋季落叶后贮藏。生根苗要避免干旱，保持叶片良好，促进光合产物积累，增加耐贮性。

（六）生长季移栽

移栽前整地：其目的是创造良好的土壤耕层构造和表面状态，协调水分、养分、空气、热量等因素，提高土壤肥力。移栽前圃地必须细致整地，施足基肥。开 10～15cm 深的浅沟，株行距控制在 20cm×30cm，为了保证通风透光、管理方便，一般采用宽窄行结合的方式。移栽时，轻质网袋要埋入土中，如果裸露在外会因为基质持水力弱造成对幼苗的干旱胁迫。移栽后适度遮阴，及时灌溉。

（七）冬贮及越冬管理

生长季移栽的小苗在越冬前灌足水，培土将小苗埋于土中，避免冬季枝条抽干。亦可用塑料薄膜或其他覆盖物保湿，春季萌发前去除覆盖。

扦插苗落叶后（大约在 11 月），从扦插床上挖出，按品种沙藏，网袋苗可以直接沙藏。沙藏开沟深度 60～70cm，湿沙和扦插苗分层混放，沙的湿度以手握成团，松手即散为宜，一层苗一层沙，每层苗摆放约 10cm 厚。最上层覆沙 15～20cm，为避免上层沙失水太快，其上可以覆盖 10～15cm 的壤土。苗子埋土时注意，最深处到表面的距离不要超过 60cm，避免基质湿度太大造成发霉腐烂。为了避免冬春的雨雪导致进水，沙藏沟上加覆盖阻挡雨雪。

（八）春季移栽定植

1. 扦插苗移植到容器

在温室内培育长柄扁桃容器苗，容器大小为 12cm×12cm 或 15cm×15cm，以后当苗木发育受限时可以再移至较大容器。

2. 大田直接定植扦插苗

定植深度为 80～100cm。为防止春季抽条死苗，可以沿行向做土埂，将扦插体多埋于土埂中，使最上面的芽在土表下 1～2cm。定植密度为株距 20cm，行距 40～50cm，7000～8000 株/亩。

后期田间管理同实生苗繁育。

三、容器苗繁育

容器苗繁育，尤其是工厂化容器苗繁育，是20世纪60年代迅速发展起来的一种育苗新技术，它使得造林由裸根苗造林转化为容器苗造林。容器育苗具有育苗周期短、苗木规格统一、移栽造林成活率高、缓苗时间短、幼苗生长快等特点，可实现一年两季造林或一年多季造林，大幅度提高了造林质量、造林成活率和保存率，延长了造林时间，可利用农闲时造林。特别是对于干旱少雨的长柄扁桃栽植区，推广使用容器造林技术显得非常有必要（图3-3）。

图3-3　长柄扁桃容器繁育实生苗

（一）育苗地选择

育苗地宜选择地势平坦、排水良好处，忌地势低洼、排水不良、处于雨季积水和风口处，并要求灌溉便利，易于机械作业。相比裸根苗，容器苗对育苗地的要求比较简单，对土壤没有特别的要求。但容器育苗时，不应直接摆放在育苗地上。因为幼苗根系很容易从容器底部穿出，扎入土壤，时间一长，就会在土壤中形成较大根系，在容器中根系反而较少，不利于形成发达的根团。在起苗时，由于切断深入土壤中的根系造成苗木根系不发达，影响造林成活率，故容器育苗时容器应放在离地面20cm以上的架子上（或在地面上铺放两层砖，砖与砖之间留有适当的孔隙，将容器置于砖上），容器苗底部保持良好的通风条件，根系扎出容器时，根尖暴露在空气中会停止生长，达到“空气断根”的目的。

（二）容器的选择

长柄扁桃育苗容器可选用一些加工制作容易、成本低的“经济、适用”型育苗容器。容器要尽量选择保湿保温性能好、轻便、搬运不易破损、育苗根团完整的育苗容器。经济允许还可选择一些控根容器，或者无纺布制作的容器（因无纺布易降解，可直接带着无纺布容器造林）。

育苗容器大小规格的选择，依据育苗周期的长短及造林需求等而定。容器的大小对苗木生长有显著的影响，在一定的范围内，容器的容积增大，苗木地径、重量均相应地增长，但对苗高影响不显著；适当降低容器高度，可有效促进苗木生长。在保证苗木质量和造林成活率的前提下，尽可能采用较小规格的容器进行育苗。在立地条件恶劣、杂草茂盛的造林地要选用较大的容器，用大规格的容器培育造林苗。随着容器规格的增大，其育苗费用、运输费、造林费也随之增加。因此，如果是大面积造林用苗，最好是经过试验，分析增大容器规格所带来的效果是否能补偿随之增加的总费用，从而决定容器的规格。

（三）基质的准备

容器育苗所用的基质可分为两类：一类是无土基质，由一定比例的草炭土、珍珠岩、蛭石、树皮粉加入适量的矿质元素肥料组成等；另一类是以土壤（农耕地土、山地土、山地草皮土等富含有机质的土）为主，加入适量有机肥料及无机肥料组成，即作为营养土育苗。选择基质时应考虑基质具有保持水、肥、气与热等性能，还要考虑来源广泛、易于就地取材等因素。土壤应选择壤土为宜；黏土土壤黏重，通气性差，水分易蒸发，不适合作育苗基；沙性土壤在运输和栽植时土团易散，不利于幼苗成活。沙性土壤作为基质时，应降低其比例，所占比例以不使土团散开为宜。

长柄扁桃育苗基质配比为草炭土∶珍珠岩∶蛭石=3∶1∶1。通常在基质中加入少量的腐熟的鸡粪（或羊粪），或者以氮素为主的复合控释肥料，为了降低成本，也可适当加入表土等廉价基质，通过适当探索其比例，配制成长柄扁桃育苗基质。

长柄扁桃适宜在中性偏弱碱性的土壤生长，适宜的 pH 为 7.0～8.5，因此基质的酸碱度也应保持在这个区间，若基质 pH 偏差大，需及时进行调整。长柄扁桃适生地区大多土壤瘠薄，氮素、磷素匮乏，因此长柄扁桃育苗也可在基质中接种有益微生物，尤其是解磷微生物，可显著提高所育长柄扁桃苗建园成林后的生长量。一些有益微生物还能够增加根部的吸收，包括养分和水分，增加长柄扁桃对干旱、土壤贫瘠等的适应能力。

对于长柄扁桃育苗基质配制完成以后，还需要进行基质消毒。基质消毒可采用高温消毒、化学药剂熏蒸消毒和蒸汽消毒等方法。

（四）育苗技术

长柄扁桃实生苗容器育苗。可通过筛选、风选选择无病虫害、颗粒饱满的优质种子，在进行催芽和消毒后播种。播种可采用手工播种和机械播种，目前长柄扁桃以手工播种为主。每个容器播种 1 粒种子（或播种 2 粒种子以保证每个容器都有成活苗），要把种子播在容器正中央，覆土厚度 1cm 左右。若种子经催芽后胚根露出，根应垂直向下播种，并提前打好播种孔，避免伤害胚根。播种时，若胚根向上或向侧向生长，容易发生绕根现象，影响苗木生长。

播种后浇水要适时适量，第一次浇水要充分，出苗期和幼苗期要多次适量勤浇，以培养基湿润为宜。速生期应量大次少，基质达到一定干燥程度，苗木叶片出现萎蔫等缺水症状之前，再浇水。生长后期要控制浇水。

长柄扁桃幼苗出齐后 10 天左右，剪掉过多幼苗，保持每个容器中只有 1 株苗。

长柄扁桃幼期育苗选择在榆林地区的 4 月中下旬进行，此期处于长柄扁桃的正常生长期，对于容器苗可在简易大棚或温室内进行培育，对于其环境控制，主要采取遮阴防止苗木高温胁迫，且要提供充足的水分。若在其他时期进行容器育苗，则需要调整光照、温度、水分，以满足长柄扁桃苗木生长所需。

长柄扁桃容器育苗前期，由于基质有一定量的肥力，前期不需要进行施肥。而在苗木生长后期，针对苗木的生长状态，可以用一定比例氮、磷、钾养分的混合肥料追肥，对混合肥料配制成 0.3%～0.5%的溶液进行喷施，防止干施化肥。喷施后要及时用清水冲洗幼苗叶面，避免肥害。根外追肥常采用叶面肥，如尿素、磷酸二氢钾等，浓度为 0.1%～0.2%，尿素和磷酸二氢钾应交替进行根外追肥。

长柄扁桃容器苗很少发生病虫害，但要注意防治病害。病害可通过基质灌溉系统或幼苗之间传播。因此要做好基质消毒工作，使用一些有效的杀菌剂。温室容器育苗应注意改善通风条件。

参 考 文 献

李永华, 朱强. 2014. 长柄扁桃种子生物学特性及不同浓度赤霉素对其生长的影响[J]. 农业科技通讯, (10): 107-110.

许新桥, 刘俊祥. 2014. 不同除草剂对长柄扁桃苗圃杂草的防治效果[J]. 林业科学研究, (1): 108-112.

第四章　长柄扁桃栽培技术

第一节　定　　植

一、栽植时期

长柄扁桃栽植时期的选择，与栽植后苗木成活率密切相关。春季、秋季均可栽植。

A. 秋季栽植

秋季栽植一般在落叶后至土壤封冻前进行，具体时间应视当年的气候情况和树木落叶情况来掌握，这样才能有效保证树木的成活率。榆林地区一般在 10 月下旬至 11 月上旬进行栽植。

B. 春季栽植

春季栽植时间在榆林地区 3 月下旬至萌芽前。长柄扁桃树定植必须在萌芽前结束。如果苗木萌芽后再定植，成活率会显著降低。

通过护根等措施可以使长柄扁桃苗木在春季萌芽后栽植。本书编者把幼苗移栽前移入无纺布袋中（图 4-1），使移栽时能够保持原土肥与根系不松散，根系不损伤，缓苗快，易提高长柄扁桃的生态和经济价值。春季萌芽后，苗木栽植成活率可达 90%以上。使长柄扁桃的可栽植时限由仅萌芽前的 30 天延长到萌芽后仍可栽植，累计可栽植期限达到了 180 天（王伟等，2014）。

图 4-1　长柄扁桃容器育苗延长定植期

二、栽植方法

栽植前，应检查定植穴的土壤湿度，湿度适宜即可栽植。栽植后可立即灌水，土壤稍干也可栽植。

栽植时根系不能埋土过深或过浅。栽植后苗木根茎分界处与地面持平或略低于地面 5cm 为宜。根系埋土 6～10cm 为宜。若土壤疏松，为防止栽后浇水土壤下沉过多而难于掌握栽植深度，可在栽前适当浇水，或用脚稍稍踏实穴内土壤。

苗木栽植时，将苗木放入定植穴内，使其根系舒展，苗木主干注意前后左右对齐，然后回填土。当填至一半时，将苗轻轻向上提一下，边填土边踏实，使根系与土壤紧密结合。随后在苗木的周围筑起灌水树盘，以便灌水和蓄水。定植后，要立即灌足水，水渗下后，要进行封土保墒，并用地膜覆盖树盘，以保湿增温，促进苗木根系活动、提高成活率。栽植长柄扁桃嫁接苗，苗木栽植后，应及时抹掉砧木的萌芽。长柄扁桃单主干种植，也应于栽植后及时抹掉主干基部的萌蘖，以维持单主干树形。

第二节　土 壤 管 理

长柄扁桃为蔷薇科桃属扁桃亚属的多年生落叶灌木，其根系发达，不仅耐寒耐旱，而且耐瘠薄，具有极强生存能力。长柄扁桃作为一种优良的生态和经济兼用型木本油料植物，为实现其防风固沙、水土流失防治和优质高产的目的，在种植时需要根据地形地貌和土壤类型进行适当的土壤管理。

一、整地

为保障幼苗的顺利成活和良好生长，在栽植前需要对土地进行整理。榆林地区大的地貌单元主要分为以沙丘、滩地为主的毛乌素风沙区和以沟坡为主的黄土丘陵区。不同的栽植区域，为保证生态效应优先条件下长柄扁桃的优质高产，需要进行不同的土地整理。

（一）毛乌素风沙区

在毛乌素风沙区，沙埋是影响幼苗成活和生长的主要因素（郭春会等，2001），在栽植长柄扁桃时固沙与整地要同时进行（李荣等，2015）。对于流动和半流动沙地，风蚀危害严重，应加强防风蚀措施，造林前需搭设柴草防风障蔽，障蔽规格视风蚀程度而定，一般规格为 1m×1m、1m×1.5m、2m×2m 或 2.5m×2.5m。坡度平缓地段宜搭设带状沙障，带宽 2.5m，带的走向与主风向垂直；坡度较大的地段宜搭设网格沙障，规格为 1m×1m、1m×1.5m。对于风蚀较轻的固定沙地，可以不设置沙障。

根据神木生态协会造林经验，沙区整地一般采用穴状整地，穴的规格为 40cm×40cm×50cm（长×宽×深），土壤回填深度为 40cm，穴间间距为 2m。

（二）黄土丘陵区

黄土丘陵区水力侵蚀严重，长柄扁桃栽植整地必须与坡面水土流失防治小型工程相结合。坡面水土流失防治工程包括梯田（隔坡梯田、反坡梯田）、水平阶、截流沟、水平沟、鱼鳞坑等措施。在栽植长柄扁桃时，如果坡面已经进行梯田或水平阶化处理，则可以直接利用，不再进行工程量较大的坡面整地。如果坡面未进行以上整治，从实用和经济角度考虑，适合采用鱼鳞坑或者水平沟整地方法。

1. 水平沟整地

水平沟整地适合坡度 5°～25°的缓坡地，水平沟整地是沿等高线挖沟的一种整地方法，断面以挖成梯形为好，整地规格：水平沟的上口宽 0.6～1.0m；沟底宽 0.3m；外沿埂高、宽均 0.3m；沟深 0.4～0.5m；外侧斜面坡度约 60°，内侧坡约 35°；沟长依地形而定；沟间距 3.0m（水平距离）；沟内留档，档距 2.0～5.0m。整地方法：整地时先将表土堆于上方，用底土培埂，再将表土填盖在植树斜坡上。

2. 鱼鳞坑整地

坡度大于 25°的陡坡地采用鱼鳞坑整地方式。鱼鳞坑整地是在山坡上按造林设计挖近似半月形的坑穴，坑穴间以品字形排列，整地规格：长径 0.6～0.8m，短径 0.5m，深 0.6m；坑面水平或稍内倾斜，坑内侧有蓄水沟与坑两角的引水沟相通；外缘有土埂，半环形，高 0.2～0.3m。整地方法：整地时先将表土堆于坑上方，心土放于下方筑埂，然后再把表土回填入坑，以利保土蓄水。

二、土壤改良

（一）沙区和黄土区土壤改良

风沙土和黄土均存在土壤质地较粗、养分贫瘠等问题，为提高成活率和优质丰产，需要对土壤进行适当改良，提高其肥力和保水保肥特性。土壤改良可以通过施加基肥的方法，主要做法：挖好定植坑后，沙区每穴可施加腐熟优质有机肥 10～15kg，黄土区施加腐熟优质有机肥 5～10kg，与表土拌匀后，填入定植穴中，边填边踩，填到一定位置，放入苗木，接着填土，并提苗顺根再踏实，使根系与土壤紧密接触。

由于长柄扁桃本身耐瘠薄，为防止烧苗现象，在栽植时一般不需要施加化肥，化肥宜作为后期追肥施加。为提高穴内土壤保水性能，可在施加有机肥时同时添加保水剂，沙区每穴添加量控制在 30～40g，黄土区控制在 20～30g。因有机肥的施入，为加速有机肥养分的释放，可考虑同时添加微生物菌肥，提高土壤微生物活性，其添加量可参考具体的微生物菌肥使用说明。

（二）盐碱区土壤改良

毛乌素沙区有大量的盐碱地，土壤中不仅氯化盐、碳酸盐等成分含量高，而且 pH 较高，有机质和微生物较少，土壤板结，透气性差。当土壤盐分含量过高时，土壤溶液浓度大于扁桃根系细胞液浓度，使根系很难从土壤中吸收水分和营养物质，引起生理性干旱和营养缺乏，致使长柄扁桃根系萎蔫、枯死。因此，在栽植长柄扁桃前需要进行土壤改良和适当的整地措施。改良措施如下。

1. 灌溉洗盐

在总含盐量 0.3%以上的盐碱地栽植扁桃，必须洗盐除碱，使盐碱含量降低到 0.2%以下，达到扁桃能忍受的水平。灌溉洗盐，最好抓住春季返盐、返碱时机进行。洗盐时必须附有良好的排水设施，排水可以用明渠也可以用暗管，可以靠自流排水，也可以用机械排水。

2. 多施有机肥

盐碱地要多施有机肥，不仅能改善不良的土壤结构，也能有效降低土壤溶液 pH，提高土壤养分有效性。间作耐盐碱田菁等绿肥作物，或实施覆盖有机物等措施，间接增施有机肥也是改良土壤结构和增加有机质含量的好方法。

3. 化学改良

盐碱土化学改良途径和原理是改变土壤胶体吸附性阳离子的组成，改善土壤结构，同时调节土壤酸碱度，改善土壤营养状况，防止盐碱危害。可施用的化学物质有石膏，磷石膏，含硫、含酸的物质（硫黄粉、粗硫酸）等。近几年，有些地区试用腐殖酸类改良剂改良盐碱土，取得明显效果。巧施化肥也是土壤化学改良措施之一，多施钙质化肥（如过磷酸钙、硝酸钙等）及生理酸性肥料（如硫酸铵），也能增加土壤营养含量，起到改良酸碱度的作用。

4. 耕作措施改良

起垄种植辅以灌溉，再进行覆膜也可以起到改良盐碱和压盐的目的。起垄并辅以灌溉可以起到水盐分区的效果，垄上洗下的盐分向垄间洼地富集进而减少垄上土壤盐分。进行覆膜可以减少土壤蒸发，进而减少深层土壤中的盐分随水分通过毛细作用向表层汇集，即抑制土壤返盐。

三、耕作管理

（一）深翻

为了保持扁桃园土壤疏松，提高土壤保水保肥能力，增加通气性，加深根系分布层，扩大营养吸收范围，生长期应年年进行深翻改土，以达根深叶茂果丰之目的。深翻一般在秋季进行，有利于接纳雨水。深翻深度控制在20cm左右为宜。深翻时树行间可以深一些，树冠下浅些，为了促使根系向下层生长，应逐年增加深度。深翻一般和施基肥同时进行。

（二）中耕除草

为改善表层土壤物理状况，抑制土壤水分无效蒸发，增加降雨入渗能力，同时消除杂草对土壤养分水分的竞争，需要进行中耕除草。中耕除草通常在雨季前和雨季后分别进行，如有灌溉，在灌溉后进行。考虑到防风固沙和防止水土流失需要，在幼苗期没有进行间作其他草灌情况下不建议清除穴间或行间其他杂草，中耕除草范围只限于长柄扁桃灌层以下。

第三节　肥 水 管 理

尽管长柄扁桃具有耐瘠薄的特性，在土壤养分贫瘠和干旱条件下可以顽强生长，但为实现丰产、稳产和优质，需要进行必要的水肥管理。

一、长柄扁桃所需主要营养元素的功能

作为新开发品种，长柄扁桃正常生长所需营养元素有待进一步研究确认。根据新疆扁桃正常生长发育树体叶片营养诊断研究，认为所需矿物质营养元素有12种。其中必需的常量元素有7种（氮、磷、钾、钙、镁、氯、钠），微量元素有5种（锰、硼、锌、铜、铁）。扁桃需要的营养标准正常适宜值范围见表4-1。

表4-1说明扁桃对常量元素的需求量以氮、钙最大，其次为钾；对微量元素的需求量以铁最大，其次为硼，再次为锌、锰。营养元素缺乏或过量时，扁桃树体有较明显症状，简述如下。

表 4-1　新疆扁桃业内营养元素标准值

		缺值	低值	正常值	高值
常量元素/%	氮	<1.8	1.8～2.0	2.0～2.8	>2.8
	磷		<0.1	0.1～0.25	>0.25
	钾	<1.0	1.0～1.4	1.4～2.2	>2.2
	钙		<1.7	1.7～2.8	>2.8
	镁			0.25～0.8	>0.8
微量元素/（mg/kg）	铜		<4.0	4.0～7.3	>7.3
	锌	<15.0	15.0～25.0	25.0～31.0	>31.0
	锰		5.0～20.0	20.0～35.0	>35.0
	铁	<100.0	100.0～115.0	115.0～141.0	>141.0
	硼	10.0～23.0	23.0～29.0	29.0～38.0	>38.0

1. 氮元素

氮是树体中蛋白质、糖类、核酸、磷脂、叶绿素及维生素等的重要组成成分。可促进营养生长，延迟衰老，提高光合效能和产量，增进果实品质。氮素不足会影响蛋白质形成，使树体营养不良，枝梢细弱，叶片变黄，生长发育受到抑制，土壤氮素不足时果仁不饱满。氯素过量，树体徒长，花芽分化不良，落花落果严重，果实品质、产量降低。

2. 磷元素

在扁桃树体萌动展叶期，对磷吸收量很大。磷是发育必需元素，能提高根系吸收能力，促进根系生长，增加束缚水所占比例，提高抗寒、抗旱能力。缺磷则根系生长减弱，枝条变细、变短，叶面积变小，树体低矮。磷是植物细胞中形成原生质和细胞核的重要成分，能增强树体的生命力，促进花芽分化、种子和果实的正常发育成熟，并提高果实品质。土壤磷元素不足时，影响碳水化合物和蛋白质代谢，造成展叶开花推迟、根系生长不良、叶片变小、花芽形成不良等现象；土壤磷元素过多，则影响氮、钾的吸收，使土壤和树体中的铁元素不活化，叶片黄化。

3. 钾元素

钾不是组织成分，但与许多酶活性有关。对碳水化合物代谢，蛋白质、氨基酸合成及细胞水分调节有重要作用。钾元素不足时，叶色变淡、叶片皱缩卷曲、叶片焦枯；新枝变细、节间变短；生理落果多，产量低；花芽少。钾元素过多时，会降低吸收镁的功能，使树体出现缺镁症，这样又影响钙和氮的吸收。

4. 钙元素

钙参与细胞壁构成，为细胞分裂所必需，又是部分酶的活化剂。钙在植物体内移动性很小，缺钙时根系生长到一定长度根尖开始坏死，后又长出新根，如此往复形成膨大、弯曲的根，不利于植株生长。钙元素不足时，枝条顶端嫩叶尖端或中脉处坏死，严重时枝条顶端及嫩叶坏死呈火烧状，并迅速向下部枝条发展，致使许多小枝完全枯死。

5. 镁元素

镁是叶绿素组成成分，也是许多酶系统的活化剂，能促进磷的吸收和转移，而且有助于单糖在植物体内的运转。镁元素在植物体内可移动，易被重复利用。镁元素开始显不足时，表现为大树叶片呈深绿或蓝绿色，后枝条基部老叶出现坏死，叶呈深绿色，有水渍状斑点，斑点周边有紫红色，坏死区变成灰白色、浅绿色、淡黄棕色、棕褐色；老叶边缘褪绿、焦枯，常常落叶。镁元素严重不足时，新梢基部叶片早期脱落。

6. 铁元素

铁是叶绿素合成和保持所必需的元素，是许多酶的必要成分，参与光合作用。植物体内的铁不易移动，缺铁时首先表现在枝条的新叶上。缺铁叶脉绿色而叶脉间叶肉失绿。严重时整个叶片黄化，最后白化，并有棕黄色坏死斑，可导致整树枝条的新叶及嫩梢失绿枯死，果实变小。铁黄萎病与石灰性土质或排水不良的土壤有关，特别是在寒冷、潮湿的春季。

7. 硼元素

硼影响某些酶活性，影响光合物和蛋白质合成，硼元素可增强碳水化合物的转化和运输，促进花粉萌发和花粉管的伸长，对子房发育也有一定的促进作用。缺硼首先表现在当年生新枝上，由上向下枯死，新叶小、扭曲，叶片变厚革质化，叶片的主脉黄色呈木栓化；树干流胶，易引起整株死亡；树皮粗糙，根系生长点因饥饿而枯萎。

8. 锌元素

锌在树体中是同工酶、激素等的组成元素，可能与光合作用中二氧化碳的供应有关，主要功能是促进植物的生长发育和增强对真菌及低温的抵抗力。缺锌症状出现在生长季节早期，严重缺乏时，树体生长和开花推迟 1 个月，若刚开花时缺锌会引起开花延迟，导致授粉量和产量大大减少。轻微缺锌时，叶片稍变小，叶脉之间有褪绿区，褪绿部分扩大，沿着叶边缘和叶末端变得明显；叶幼小时，常出现起伏不平的叶边，严重缺乏时会出现末端枯死。此外，缺锌树的坚果比正常树小得多。

9. 锰元素

锰元素是叶片形成叶绿素和维持叶绿素结构所必需的元素，也是许多酶的活化剂。锰在光合作用中有重要功能，并参与呼吸过程。锰离子不足时，叶片长到一定大小后呈现特殊的侧脉间叶肉失绿。严重不足时，叶脉间出现坏死斑，并早期落叶，引起新枝坏死，整个树体叶片稀少。

10. 铜元素

铜元素是许多酶的重要组成成分，对光合作用有重要作用，也是促进维生素A形成的重要元素。铜元素不足时生长中的新梢部分枯死，叶色暗绿，进而叶脉间叶肉失绿呈黄绿色，网状叶脉仍为绿色。顶端叶变得窄而长，形成边缘不规则的椭圆形叶，顶端生长停止而形成簇状叶。

二、长柄扁桃施肥标准与常用肥料

（一）施肥标准

施肥的种类和数量应根据土壤类型、树体生长强弱、肥料种类性质来确定。郭春会等（2001）在参考国外资料的基础上，结合国内产区土壤状况和生产实践，提出了扁桃施肥量（N、P、K）的基本标准（表4-2），可以作为长柄扁桃肥力管理的参考。

表4-2　扁桃施肥量标准（郭春会等，2001）

阶段	树龄/年	株平均施肥量（有效成分）/g			有机肥/kg
		氮（N）	磷（P）	钾（K）	
幼树期	1～3	50	20	20	5
结果初期	4～5	200	100	100	7
	6～7	400	200	200	10
盛果期	8～15	800	300	300	40
	>15	1000	400	400	40

（二）常用肥料种类及养分含量

1. 有机肥料

主要有厩肥、人粪尿、家禽粪便肥等。有机肥料属于完全肥料。含有多种营养元素，有效期长，且可增加土壤有机质，促进团粒结构形成，改善土壤物理形状。各种有机肥料营养元素含量见表 4-3。

表 4-3　常用有机肥种类及养分含量

有机肥料	质量分数/%		
	氮（N）	磷（P_2O_5）	钾（K_2O）
人粪尿	0.50～0.80	0.20～0.40	0.20～0.30
猪厩肥	0.45	0.19	0.60
马厩肥	0.58	0.28	0.63
牛厩肥	0.45	0.23	0.50
羊厩肥	0.83	0.23	0.67
鸡粪	1.63	1.54	0.85
堆肥	0.10～0.50	0.18～0.20	0.45～0.70

2. 无机肥料

即化肥，速效性强，使用方便。但长期单独使用会影响土壤结构，须与有机肥配合使用。氮素肥料的主要种类有硝酸铵、碳酸氢铵、尿素等；磷肥的主要种类有过磷酸钙、磷矿粉等；钾肥的主要种类有硫酸钾、氯化钾等。还有两种以上元素组成的复合肥料、果树专用肥等。常用化肥养分含量见表 4-4。

表 4-4　常用化肥及其养分含量

名称	养分含量/%
碳酸氢铵	N 17.0
硫酸铵	N 20.5～21.0
硝酸铵	N 34.0
尿素	N 45.0～46.0
过磷酸钙	P_2O_5 16.0～18.0
硝酸磷	N 25.0～27.0；P_2O_5 11.0～13.5
氯化钾	K 50.0～60.0
磷酸二铵	N 16.0～21.0；P_2O_5 46.0～53.0

3. 绿肥

绿肥是重要的有机肥。间作绿肥，及时翻压，在供给果园养分及改良土壤方面起着重要作用。尤其是在幼苗期，间作绿肥不仅可以培肥土壤，还可以起到防风固沙和防止水土流失及防止盐碱地返碱的功能。为避免绿肥灌草出现与长柄扁桃争水争肥现象，绿肥不应距离长柄扁桃太近。选择绿肥灌草时应选择耗水量较少的品种。在降雨量少，无灌溉条件或水源不足的地方不宜间作绿肥。绿肥植物每年需要刈割 2～3 次，刈割后覆盖于扁桃树下。3～4 年后绿肥植物需要更新重新播种，且翻耕休闲 1 年。适合长柄扁桃林间作的绿肥包括以下几种。

1）紫穗槐

为豆科多年生宿根落叶灌木，根深叶茂，耐盐碱、耐瘠薄和耐涝，有“绿肥王”之称。嫩枝枝叶含氮 1.32%、磷 0.30%、钾 0.79%。

2）沙打旺

多年生豆科植物，宿根，耐旱耐瘠薄，喜沙性土壤，根深叶茂，具有防风固沙、保持水土的作用。种植当年生长缓慢，第二年生长迅速，产草量较高。

3）草木樨

二年生豆科植物，耐旱，耐寒耐瘠薄，生长旺盛，根系发达，产草量高，鲜草含氮 0.48%，含氧化钾 0.44%，含五氧化二磷 0.73%。该草根深叶茂，可抑制其他杂草生长。一般每两年在播种的土壤中可保留有鲜根 500kg 左右。这些根腐烂后，可改良土壤结构，提高土壤肥力。

4）紫花苜蓿

多年生豆科植物，喜欢潮湿温暖的气候条件，在排水良好、微碱性砂质壤土上生长良好，耐盐碱、耐寒力强。紫花苜蓿可直接压青作绿肥，鲜草中含有大量的脂肪、蛋白质和糖类及多种维生素和丰富的干物质，是“牧草之王”，也可作饲料，是优质的畜牧饲料，还可防风固沙，改良土壤。

5）聚合草

多年生绿肥植物，适应性强，喜肥水，但也耐干旱，生长迅速，再生能力强，产量较高。聚合草一年可收获 3～4 次，一天可长 2～5cm。有施肥条件的，亩产鲜草可达 10 000kg 以上，是饲养猪羊的好饲料，是“三北”地区有发展前途的绿肥植物。

6）三叶草

可分为红花三叶草和白花三叶草，均为豆科植物，多年生宿根性草本。喜肥水，耐瘠薄，生长量大，亩产量可达 5000kg 以上。一年可收获 3～4 次。

三、施肥时期

（一）基肥

基肥能在较长时间内供给树体生长需要的养分，一般以有机肥为主，配合速效化肥。基肥施用时期以扁桃采收前后至落叶前秋季施肥较为适宜。如果秋季未来得及施入，应在第二年春天 4 月初早施。长柄扁桃基肥施加方法主要有以下几种。

1. 环状沟施肥

该方法是在树冠外围投影处挖一条环状沟，沟的深度根据根系分布深度和土层厚度而定。一般来说沟深 40cm 左右为宜，宽度根据树龄大小控制在 20～40cm。

把表土与基肥混合后施入沟内，然后填平，整理好树盘。环状沟施肥适合幼树，随树冠的扩大，施肥沟的位置不断外移，诱导根系向外伸展。

2. 条状沟施肥

该方法是在树行间或株间于树冠外围投影处，挖深30～50cm、宽30～40cm的沟，长度视树冠大小和肥量而定。条沟每年施肥要换位置，即行间和株间轮换开沟。条状沟施肥节省劳力，在肥料不足时可以采用。

3. 树盘内撒施

即把肥料均匀地撒到树盘内，然后进行翻耕，耕深20～40cm，把肥料翻入土壤，然后将土地平整。

（二）追肥

为了满足长柄扁桃对氮肥的需求，结合扁桃生长发育期和土壤肥力状况，在萌芽前、坐果后、果树膨大期及花芽分化期、果实采收后，依据实际需求追肥。前期追肥以氮肥为主，后期氮、磷、钾配合施用，同时还需要施入少量的锌、铜、硼等微量元素复合肥。追肥时将肥料施在灌溉沟中，肥料至少离树干50cm或更远，或采用环状沟施、放射状沟施、穴施等施肥方式。扁桃一至三年生的幼树每年每株追施尿素0.1～0.3kg；对于大树施磷酸二铵0.5～1.0kg。追肥的施用主要分为三次。第一次在萌芽前，以氮肥为主，适当配合磷肥。第二次在花前或初花期，以氮磷钾配合施用为主，作用是提高坐果率，促进幼果的生长，避免因营养不足而导致落果。第三次是在果实膨大期，氮磷钾配合施用，适当增加磷、钾肥比例。作用是促进果实膨大，提高果实品质，同时增加叶片光合效能，有利于扁桃营养积累。

四、水分管理

水是果树各种器官的重要组成部分。在根系、叶片和嫩梢组织中，含水量达60%以上，树干中达50%，果实中水分占鲜重的80%～90%甚至更多。水分也是有机物质合成的重要原料，是树体营养物质运输交换的载体。同时，通过叶面水分的蒸腾，调节了体温，改善了生态环境。其实在果树吸收的水分中，95%以上被用于蒸腾，水分是果树生长发育的重要保证。

（一）长柄扁桃需水特点

长柄扁桃树在整个营养生长期间都需要水分，只是各个物候期的需水量不同。虽然长柄扁桃是一种极耐旱的果树，但其在新梢迅速生长期需水量最多，称为需水临界期。春季萌芽前供水不足，常造成萌芽迟而不整齐，春梢生长量小，叶小而薄，影响光合作用的进行。花期干旱或水分过多，引起落花、坐果率降低。夏季干旱影响新梢生长，常造成果实日灼病。秋季骤雨易导致二次生长和引发病害。秋旱引起叶功能衰退，影响营养物质的积累和转化。当土壤水分在田间持水量达到 20%～40%时扁桃还可以正常生长发育，低于 15%时叶片会出现枯萎现象。

（二）灌水时期

虽然长柄扁桃是属于耐旱树种，在年降雨量 300mm 以上没有灌溉条件的地区可以正常生长发育，但如果要实现丰产目标，在不同需水期进行适当灌溉是必要的。正确的灌水时期是根据果树的需水特性来确定的，在果树未受到缺水影响前进行灌水，而不是等果树从形态上已显露出缺水状态时才进行。

1. 萌芽前灌足底水

此期可以促进新梢生长，加大叶面积，增强光合能力，使开花结果正常进行，为丰产打下基础。

2. 落花后灌水

此期是果树的需水临界期。对水分和养分的供给最为敏感，如水分不足，则叶片与幼果出现争水现象，最终叶片夺取幼果水分，导致幼果脱落。

3. 果实膨大期灌水

此期既是果实迅速膨大期，又是花芽大量分化期，及时灌水，不仅可以满足果实迅速膨大对水分的需求，而且可以促进花芽的分化，为来年丰产打下基础。

4. 采果前后或落叶封冻前灌水

此时灌水有助于肥料的分解利用，维持叶功能，提高光合作用，增加生产能力，特别对增加贮藏养分、复壮树体都有积极作用。落叶后到封冻前灌一次封冻水对果树越冬甚为有利。

（三）灌水方法

随着生产和科学技术的不断发展，灌水的方法也得到不断的改进，好的灌水方法应以节约用水、减少土壤侵蚀和提高灌水效率为原则。生产上常用的灌水方法主要有以下几种。

1. 树盘灌水

扁桃树以树干为中心，在树冠投影以内的地上做好树盘状坑，或在外围垒好树盘埂，灌水时引水流入树盘内。此法灌水范围小，较漫灌省水，但易使树盘内土壤板结，破坏土壤团粒结构，浇水后应注意松土保墒。

2. 沟灌或环状沟灌

水源不足或有机械开沟的果园，可在行间或沿树冠外围开 25～30cm 深的沟，引水流入沟内，由沟底或沟壁渗入土中，这是地面灌水中最合理的一种方法。土壤湿润均匀，水分损失少，不破坏土壤结构，用水量不大。缺点是湿润范围较小，只适宜于幼树灌水时采用。

3. 节水灌溉

在有条件情况下可以实行现代节水灌溉，目前节水灌溉方式有喷灌、滴管和渗灌等方式，可根据具体条件采用。

（四）保水技术

在无灌溉条件下，为实现雨水高效利用，保障长柄扁桃正常生长，可采用以下保水技术。

1. 保水剂

保水剂是一种吸水能力特别强的功能高分子材料，含有大量酰胺和羧基亲水基团。无毒无害，可反复释水、吸水，吸水体积可达自身体积的 100～300 倍，不仅具有保墒省水、有效抑制水分蒸发、防止水土流失的功效，还具有改善沙土和次生盐碱土壤结构、促进土壤微生物发育、提高土壤有机物的周转利用效率的功效。因此农业和林业上人们把它比喻为“微型水库”，成为干旱区造林提高成活率的必备材料。保水剂使用方法简单，在栽植长柄扁桃时直接拌入根际土壤即可，添加量不超过 0.1%。由于保水剂大部分为淀粉类有机物质，在微生物作用下可降解，保水剂功效会随时间而降低，一般可维持功效 2～4 年。

2. 地表覆盖减少无效蒸发技术

减少地表无效蒸发、提高土壤水分利用率也是干旱半干旱区提高植物成活率及保障植物顺利生长的一种有效措施。增加地表覆盖同时还具有提高地表温度、促进植物生长的功能。根据所覆材料不同可分为薄膜覆盖（图 4-2）、秸秆或枯草覆盖和砾石覆盖（图 4-3）。

图 4-2　地表覆盖——薄膜覆盖

图 4-3　地表覆盖——砾石覆盖

第四节　整 形 修 剪

一、修剪方法

长柄扁桃是喜光、喜通风树种，整形与修剪有利于牢固骨架和优质高产，延长盛果期年限。修剪原则是以疏剪为主，适当短截，保留较多的中、短果枝。幼树、初果枝应轻剪多留花芽，用先短截后疏枝的办法培养结果枝组。盛果期多回缩到二至三年生枝处，衰老树则采取重回缩法，促使隐芽抽枝，更新树冠（图 4-4）。

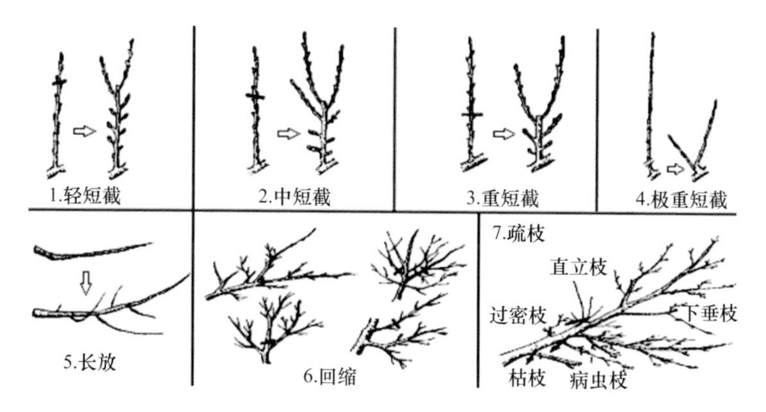

图 4-4　长柄扁桃修剪

1. 短截

只剪去一年生枝条的一部分。目的是增加枝条，控制枝条长度，扩大树冠，利用剪口芽改变枝条生长方向，使树形更加饱满。剪口部位应在预留芽上方 1cm 处（图 4-4）。

2. 长放

对一年生枝条不进行修剪，任其生长的方法。目的是对生长过旺的树有削弱的作用，使它长势适中（图 4-4）。

3. 回缩

将二年生以上枝条、枝组剪去一段的修剪方法。目的是促进剪口后部的枝条生长，促进剪口下方的潜伏芽萌发，对母枝起着较强的削弱作用（图 4-4）。

4. 疏枝

将枝条从基部去除。目的是改善树冠内部通风、透光条件，减少树木的树条总量，有利于促进开花。主要疏除枯枝、平行枝、背下枝及过密枝和枝干基部萌蘖枝。剪口与地面平齐（图 4-4）。

二、修剪时间

长柄扁桃的树形可采用多主枝丛状形，可在春、夏、秋三季进行修剪。

春季修剪是为了控制树冠的形状和大小，使树体结构合理、枝条疏密合理，便于管理。春季从萌芽至花后，以去除萌蘖和疏花疏果为主，剪时由上到下，由粗到细。疏除枯枝、密生枝、重叠枝、徒长枝，再对留下的枝条进行短截。剪口芽留在希望长出枝条的方向。

夏季修剪在 6 月左右，以控制树势、去除杂乱枝为主，截旺发育枝，疏除干枯枝、细弱枝、重叠枝、病虫枝，疏去过旺、过密枝组。有空间的徒长枝短截培养成结果枝，无空间的疏除，使疏密适中、通风透光。

秋季在落叶后，主要进行主干枝定型修剪，对较粗的枝进行整形修剪，确立骨干枝。短截旺发育枝，疏除干枯枝、细弱枝、重叠枝、病虫枝，疏去过旺、过密枝组。有空间的徒长枝短截培养成结果枝，无空间的疏除。

三、主枝和侧枝培养

长柄扁桃的树形为多主枝丛状形，通过培养主、侧枝实现。

1. 主枝培养

视情况，在长柄扁桃栽植后第 4 年，对地面 80cm 以上主枝进行短截，留 3 条均匀错列的枝条作为主枝。要求其水平角度互成约 120°角，且枝条大小、长势均衡，张开角度 60°～70°。

2. 侧枝培养

主枝确定后，一般每年培养 1 条侧枝，每个主枝培养侧枝 3～5 条。第 1 侧枝距主干，即主枝基部 30～50cm，与主枝的角度为 60°左右，侧枝间距为 50～80cm。

第五节　花 果 管 理

一、落花落果

加强长柄扁桃的花期和果期管理，对提高长柄扁桃产量及其商品性状和价值、增加经济收入具有重要意义。也是实现长柄扁桃优质、高产、稳产的重要技术环节。实现长柄扁桃果高产，须防止落花落果，提高坐果率。长柄扁桃树落花落果，主要有以下三种情况。

（1）遇到不利于传粉天气或花器不具备授粉受精的条件，使花朵没有授粉受精而造成落花。随着新梢的生长，这些花逐渐脱落。这一整个过程为落花过程。

（2）果实膨大期，也是新梢旺盛生长时期。新梢旺盛生长，与幼果争夺养分，树体营养不足时，常导致落果。

（3）后期落果，主要是树体营养不足或病虫害等原因引起落果。

二、提高坐果率的措施

长柄扁桃花多、果少，可谓“千花一果”。坐果率偏低不能满足丰产的需求。增加坐果率，提高长柄扁桃产量，实现高产、稳产，是长柄扁桃栽培者迫切需要解决的主要问题。针对以上三种落花落果情况，可从以下几个方面着手，制定相应的管理措施提高坐果率，达到丰产。

1. 提高树体营养水平

花粉和胚的发育及授粉受精条件，除了与遗传因素、品种特性相关外，还与树体营养水平，尤其是前一年秋季树体贮藏的营养水平有关。可从以下几个方面采取措施，提高树体营养水平。

（1）加强土、肥、水管理，花前合理施肥灌水。果实膨大期和种仁发育初期，根据需要施用复合肥。

（2）疏花疏果，合理负载。

（3）控制枝叶徒长，缓和梢、果养分竞争，加强营养积累，提高树体营养水平。

2. 保证授粉受精

保证授粉受精，主要是合理配置授粉树和放蜂授粉。

长柄扁桃需异花授粉，自花结实率很低，目前长柄扁桃多为实生苗种植，故目前还不存在授粉品种的选择和配置，将来选育出新品种应注意授粉品种的配置。

长柄扁桃花为虫媒花，花粉黏而重，主要靠昆虫传播授粉。蜜蜂是长柄扁桃的主要传粉媒介。栽培实践中证实，凡养蜂的长柄扁桃园可实现丰收，不养蜂的果园产量低。这说明花期养蜂是保花保果、提高产量的重要技术措施。长柄扁桃园每公顷至少应配置 5～7 箱蜂群，以 10～15 箱蜂为一组。天气不好时，适当增加蜂群。蜂房要放在阳面，可将蜜蜂从果园边界线或果园长边的中部开始按间隔依次放置。

人工辅助授粉和植物生长调节剂等技术也可以取得较好的效果，可以在需要时开展预试验，成功后在生产上推广。

参 考 文 献

白涛, 雷秀云. 2015. 长柄扁桃育苗栽植技术要点[J]. 西北园艺(果树), 2: 45.

楚燕杰, 陈秀娟, 李华孚, 等. 2007. 扁桃优质丰产实用技术问答[M]. 北京: 金盾出版社.

冯义彬. 2003. 扁桃高效栽培与加工利用[M]. 北京: 中国农业出版社.

郭春会, 梅立新, 张檀, . 2001. 扁桃的园艺技术[M]. 北京: 中国标准出版社.

郭改改, 封斌, 麻保林, 等. 2013. 不同区域长柄扁桃抗旱性的研究[J]. 植物科学学报, 4: 360-369.

蒋宝, 郭春会, 梅立新, 等. 2008. 沙地植物长柄扁桃抗寒性的研究[J]. 西北农林科技大学学报(自然科学版), 5: 92-96+102.

李国梁. 2006. 扁桃无公害栽培技术[M]. 甘肃: 甘肃科学技术出版社.

李荣, 史社强, 曹双成, 等. 2015. 优良固沙与油料灌木长柄扁桃在毛乌素沙地治沙中的应用[J]. 陕西林业科技, 1: 68-71.

李润利. 2016. 长柄扁桃在毛乌素沙地治沙中的应用[J]. 现代园艺, 3: 114.

李文利, 杨香娥. 2009. 长柄扁桃育苗造林[J]. 中国林业, 22: 48.

慕晓炜, 林万成. 2014. 长柄扁桃栽培技术[J]. 吉林林业科技, 5: 55-56.

施智宝, 史社强, 杨涛, 等. 2015. 浅谈优良治沙与油料灌木树种长柄扁桃的开发与利用[J]. 陕西林业科技, 1: 26-29.

田健保. 2008. 中国扁桃[M]. 北京: 中国农业出版社.

王伟, 褚建民, 唐晓倩, 等. 2014. 长柄扁桃坚果表型多样性及其相关关系研究[J]. 林业科学研究, 27(6): 854-859.

许新桥, 褚建民. 2013. 长柄扁桃产业发展潜势分析及问题对策研究[J]. 林业资源管理, 1: 22-25.

杨涛, 施智宝, 封斌, 等. 2013. 榆林沙区发展生物质能源植物长柄扁桃的前景分析[J]. 陕西林业科技, 1: 58-60.

杨涛, 施智宝, 李剑, 等. 2015. 本油料灌木长柄扁桃和柄扁桃种子发芽及生长特性研究[J]. 陕西林业科技, 1: 14-18.

中华人民共和国住房和城乡建设部, 中华人民共和国国家质量监督检验检疫总局. 2014. 水土保持工程设计规范. GB 51018—2014.

第五章　病虫害防治

长柄扁桃对环境条件的适应能力较强，病虫害较少。但也不能因此忽视对病虫害的防治。长柄扁桃病虫害的防治，遵循以防为主，防治结合的方针。

1. 优选造林措施

首先，选用抗性强、无病虫害的良种壮苗。要保障苗木的健壮，减少病虫害的侵袭，即使受到侵袭也容易恢复。

其次，根据特定病虫害，做好有针对性的经营管理措施，根据其发生发展规律，将其危害消灭在发生之前。

另外，应坚持适地适树栽植原则。

2. 加强培育管理

做好长柄扁桃的土、肥、水管理，保证树体健康生长，降低病虫害的发生率。

3. 对已发生的病虫害，要及时治理

应及时清除病害枝条或植株，避免大面积扩散。根据各类病害的症状、害虫的生活习性，配以相应的防治措施。

4. 主要病虫害的防治

长柄扁桃很少发生病害，偶有白粉病出现。长柄扁桃虫害主要有金龟子和蚜虫危害，可按以下介绍的方法防治。

第一节　白粉病防治

长柄扁桃很少发生病害，发现的病害主要是白粉病，其症状为叶片表面有白色粉状物。

（1）人工摘除感病茎、叶，统一收集至林地外烧毁。修剪疏除过密枝、萌蘖枝、背下枝、枯死枝，减少树木的枝条总量，改善树冠内的通风透光条件。

（2）春季展叶后，用 20%粉锈宁乳油 2500 倍液、50%多菌灵药液每 15 天喷 1 次，连续喷 3～4 次。

第二节　金龟子防治

地下害虫金龟子幼虫，啃咬当年生苗根际 15cm 内根系（图 5-1）。叶片害虫金龟子、蚜虫。金龟子啃食叶片，有明显虫咬叶痕。蚜虫吸食叶片营养引起叶片萎缩。

1. 生物防治

鸟类、两栖类、爬行类，如斑鸠（山鸽子）、杜鹃（布谷鸟）、喜鹊、乌鸦、青蛙、蟾蜍、蜥蜴等，都是金龟子的天敌，可以利用金龟子的天敌防治金龟子危害。

2. 人工防治

利用成虫的假死性，于傍晚振动树枝，捕杀落地成虫。

3. 物理防治

利用成虫的趋光性，在 19：00～22：00，悬挂黑光灯诱杀成虫。铜绿金龟子等具有较强的趋光性，在有条件的园内可安装一个黑光灯、紫外灯或白炽灯，在灯下放置一个水盆或水缸，使诱来的金龟子掉落在水中扑杀，也可直接使用振频式杀虫灯诱杀（图 5-2）。

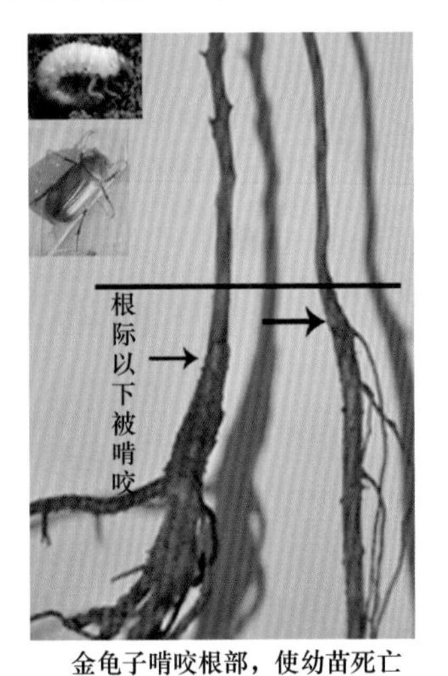

图 5-1　长柄扁桃金龟子危害症状

图 5-2　诱虫灯灭虫情况

4. 趋化防治

可在园内设置糖醋液（红糖 1 份、醋 2 份、水 10 份、酒 0.4 份、敌百虫 0.1 份）诱杀盆进行诱杀。下雨时要遮盖，以免雨水落入盆中影响诱杀效果。

5. 药剂防治

成虫危害期，可喷施 50%甲胺磷 800～1000 倍液，或 50%辛硫磷 800～1000 倍液，或 40%氧化乐果乳液 1000 倍液，在成虫盛发期每隔 2～3 天喷洒一次，连续喷洒 2～3 天。这样基本就能防除金龟子的危害。4 月中旬，在金龟子出土盛期用 40%安民乐或 40%好劳力乳油 200～300 倍液喷洒树盘土壤，能杀死大量出土成虫。

第三节　蚜 虫 防 治

蚜虫吸食长柄扁桃嫩叶营养引起叶片萎缩（图 5-3）。目前，长柄扁桃蚜虫危害比较重。应切实做好蚜虫的防治。

蚜虫吸食叶片营养，造成卷叶

图 5-3　长柄扁桃蚜虫危害症状

1. 生物防治

七星瓢虫是蚜虫的天敌，可以有效防治蚜虫危害。

2. 药剂防治

10%吡虫啉可湿性粉 1000 倍液；40%氧化乐果乳剂 1500～2000 倍液喷洒；或 25%亚胺硫磷乳剂 1000 倍液喷洒；每亩用尿素 0.5kg 兑水 50～100kg，加洗衣粉 125g，搅拌均匀后喷洒在树上。

3. 物理防治

可用黄板诱杀有翅蚜，可购买成品黄板，也可自制黄色板刷机油，放置于长柄扁桃园林中。

第六章　长柄扁桃模式化管理

地处半干旱区的榆林地区既是我国生态环境脆弱区，也是国家重要的煤炭化工能源基地。地理上既属于黄土高原向毛乌素沙漠过渡、森林草原向典型干旱草原过渡的过渡地带，又属于流水作用的黄土丘陵区向干燥剥蚀作用的毛乌素沙地过渡的水蚀风蚀交错带。长期以来，强烈的水土流失（黄土高原）和沙漠扩张是该地区最为严重的生态环境问题。尤其是近些年来，随着煤炭资源的大规模露天开采，对地貌、植被和土壤产生了巨大破坏，致使本来脆弱的生态环境进一步恶化。如何快速恢复生态环境并保证当地社会经济的可持续发展成为该地区亟待解决的头号发展问题。长柄扁桃作为当地可供开发的油料乡土树种，推动大面积种植成为该地区既恢复生态环境，又发展社会经济的重要保障措施。榆林地区气候干旱，地貌类型复杂，土壤贫瘠，风蚀和水土流失都很严重，加上露天开采导致的诸多地质和土壤问题，致使生态恢复困难重重。在不同类型区顺利开展以长柄扁桃为主的生态恢复，需要进行深入的科学研究和技术投入。结合科技部“陕北能源化工基地生态修复惠民工程”科技惠民项目的开展，项目组对不同类型区植被恢复影响因素和长柄扁桃种植技术进行了系统研究和示范。

第一节　风　沙　区

风沙区土壤质地粗，保水保肥能力差，常年干旱贫瘠，且风沙易于流动，为长柄扁桃的栽培带来较大困难，在栽培时必须选择合适的时间、地形，且辅以整地、流沙固定、保水、施肥、抚育等其他栽培与管理技术措施。

一、栽培时间

理论上在春季和秋季均可进行栽植，但考虑到秋季土壤墒情较好，春季干旱、风沙多，秋季比春季更适合。在陕北地区，春季栽植应在 3 月中旬开始，不迟于 4 月中旬。秋季在 9 月底到 10 月 20 日左右为宜。

二、整地

在选择地形时，宜选平缓、光照条件、通风条件好的地区，忌选低洼地、风口区。整地时根据地形特点，随形就势，采用穴状整地，穴间距不少于 2m，行间距不少于 3m。

穴的规格为：40cm×40cm×50cm，考虑到沙区表层土壤极其干旱，土壤回填深度宜在30～40cm，保证根部在土层20cm以下。穴间铲除杂草、沙蒿、沙柳，搭设沙蒿、沙柳障蔽，方向垂直于当地风向。

三、栽植

长柄扁桃用双株穴栽法栽植，即每穴栽植两株种苗。栽植时要严格按照“三埋、二踩、一提苗”的要求。苗木放入穴中时，边回填土边分层踏实，回填完后浇定根水30L/穴。埋土后保证地表苗高10cm。

栽植时进行泥浆蘸根处理，泥浆配制方法为按水的重量添加1‰高锰酸钾、6‰磷酸二氢钾、3‰锌肥，用红泥加适量药水搅匀成黏稠糊状。

为提高土壤保水性能，每穴在根部与土壤掺混丙烯酰胺（保水剂）20g。

四、管理

1. 施肥

由于沙区土壤极其贫瘠，每年落果后在根冠投影边缘开沟时每穴施农家肥1kg左右，春季开花前施尿素250g、磷酸二氢钾200g。

2. 除草

为节约水肥保证丰产，每年定期除草2～3次。

3. 修剪

春季修剪疏除枯枝、密生枝、重叠枝、徒长枝，再对留下的枝条进行短截。剪口芽留在希望长出枝条的方向。秋季短截旺发育枝，疏除干枯枝、细弱枝、重叠枝、病虫枝。疏去过旺、过密枝组，有空间的徒长枝短截培养成结果枝，无空间的疏除（图6-1）。

图6-1　风沙区示范种植

第二节 黄 土 区

黄土区黄土质地远好于山区，保水保肥性能较好，但黄土区水土流失强烈，是影响长柄扁桃栽培和正常生长最为严重的不利因素。

一、栽培时间

由于黄土区与风沙区所处纬度及海拔相差不大，长柄扁桃在栽植时间上与风沙区基本同步，春季栽植应在 3 月中旬开始，不迟于 4 月中旬。秋季在 9 月底到 10 月 20 日左右为宜。

二、整地

考虑到水土流失影响因素，长柄扁桃栽培整地必须与坡面小型水保工程措施相结合。鱼鳞坑与水平沟整地是最佳整地方式，长柄扁桃栽植在鱼鳞坑和水平沟内，充分利用鱼鳞坑和水平沟蓄积雨水资源，达到丰产目的。

鱼鳞坑直径不少于 50cm，深度不少于 30cm，坡下位坑沿培土。水平沟沿等高线布设，沟间距不少于 4m，沟宽不少于 40cm，深度不少于 30cm，坡下位沟沿培土。为防止沟内水分串流，每隔 3m 设置土塄隔断。

三、栽植

栽植时同样采用双株穴栽法栽植，即每穴栽植两株种苗。栽植时要严格按照“三埋、二踩、一提苗”的要求。苗木放入穴中时，边回填土边分层踏实，埋土后保证地表苗高 10cm。

栽植时进行泥浆蘸根处理，泥浆配制方法为按水的重量添加 1‰高锰酸钾、6‰磷酸二氢钾、3‰锌肥，用红泥加适量药水搅匀成黏稠糊状。

为提高土壤保水性能，每穴在根部与土壤掺混丙烯酰胺（保水剂）20g。

为防止土壤水分无效蒸发，可将周边枯草落叶铺设在坑内，盖度达 90%，也可在坑边铺设薄膜，二者同时采用保水效果更佳。

四、管理

1. 施肥

为保证每年丰产，落果后在根冠投影边缘开沟时每穴施农家肥 1kg 左右，春季开花前施尿素 250g、磷酸二氢钾 200g。

2. 除草

黄土区杂草生长旺盛，每年定期除草2～3次。

3. 修剪

与沙区一致，春季修剪疏除枯枝、密生枝、重叠枝、徒长枝，再对留下的枝条进行短截。剪口芽留在希望长出枝条的方向。秋季短截旺发育枝，疏除干枯枝、细弱枝、重叠枝、病虫枝。疏去过旺、过密枝组，有空间的徒长枝短截培养成结果枝，无空间的疏除（图6-2）。

图6-2　黄土区示范种植

第三节　煤矿塌陷区（排土场）

排土场由于是回填土壤，存在土层薄、漏水漏肥严重、土壤质地差、保水保肥性能低等问题，这些问题不仅对于长柄扁桃，对任何植被的恢复与生长都是重要的制约因素。

一、栽培时间

煤矿塌陷区没有具体的地理分布特征，长柄扁桃在栽植时间上与风沙区、黄土区基本同步，项目开展区域位于准格尔旗，纬度上稍微靠北，因此春季栽植可在3月中旬开始，不迟于4月底。秋季同样在9月底到10月20日左右为宜。

二、整地

排土场地势较平，不考虑水土流失影响因素，但必须考虑水肥渗漏及保水能力差的限制因素。排土场的整理可采用穴状整地，坑直径40cm，坑深30cm，但回填深度20cm，留10cm深度用于蓄水，行株距2.0m×1.5m。回填土中添加保水剂，将保水剂与1/3土壤混合，回填于根部，每株用量20～30g。表层必须覆膜，增温保墒，减少裸地蒸发，坑内覆盖 15cm，坑外 25cm，并覆土 5cm。栽植时需施肥，磷酸二胺每株 50g，微生物菌肥 10g，与保水剂、1/3 土壤混施回填于根部。

三、栽植

栽植时同样采用双株穴栽法，即每穴栽植两株种苗。栽植时要严格按照“三埋、二踩、一提苗”的要求。苗木放入穴中时，边回填土边分层踏实，埋土后保证地表苗高 10cm。

栽植时进行泥浆蘸根处理，泥浆配制方法为按水的重量添加 1‰高锰酸钾、6‰磷酸二氢钾、3‰锌肥，用红泥加适量药水搅匀成黏稠糊状。

栽植后必须进行灌水，灌水量为每株 20L 左右。

四、管理

1. 施肥

为保证每年丰产，落果后在根冠投影边缘开沟时每穴施农家肥 1kg 左右，春季开花前施尿素 250g、磷酸二氢钾 200g。

2. 除草

每年定期除草 2～3 次。

3. 修剪

与其他区域一致，春季修剪疏除枯枝、密生枝、重叠枝、徒长枝，再对留下的枝条进行短截。剪口芽留在希望长出枝条的方向。秋季短截旺发育枝，疏除干枯枝、细弱枝、重叠枝、病虫枝。疏去过旺、过密枝组，有空间的徒长枝短截培养成结果枝，无空间的疏除（图 6-3）。

图 6-3　煤矿塌陷区（排土场）示范种植

第七章　长柄扁桃资源化利用

第一节　长柄扁桃产业概述

长柄扁桃种子中，种壳占70%以上，种仁占30%以下；种仁中含有45%～58%的油脂，19%～22%的蛋白质，3.0%～3.5%的苦杏仁苷。根据长柄扁桃种子的特点，可利用其开发出多种高附加值产品（图7-1），种仁可用于提取植物油、粗蛋白及医药中间体——苦杏仁苷（王燕等，2008；董发昕等，2012；藏小妹等，2012；许宁侠等，2014；李聪等，2016）；种壳致密坚硬，是制备活性炭、纤维板等材料的优质原料（李冰等，2010）。长柄扁桃油脂可根据市场实际情况进一步开发为食用油、生物柴油、生物航油、甘油、化妆品等（李聪等，2010；陈俏等，2013）；粗蛋白可以开发蛋白粉、蛋白饮料，蛋白质提取后的残渣可制作饲料（Zang et al.，2013；候国峰等，2014）。

图7-1　长柄扁桃系列产品

长柄扁桃产业还处于起步阶段，主要原因是长柄扁桃基地建设初具规模，但长柄扁桃种子年产量有限，制约了长柄扁桃产业的发展。国家林业局于2011年批准了“陕西榆林地区百万亩长柄扁桃基地建设项目”，将长柄扁桃发展为沙生油料植物和生物质能源的重要树种，在北方广大荒漠地区推广种植。2015年初，国务院办公厅出台《关于加快木本油料产业发展的意见》，长柄扁桃名列其中。榆林地区现已建成 60 万亩长柄扁桃人工基地，其中，30 万亩已挂果，长柄扁桃平均亩产量可达鲜果 400kg。

第二节 长柄扁桃产品开发

一、长柄扁桃油

高端食用油的生产主要采用冷榨法。对长柄扁桃种仁采用炒制冷榨，其种仁出油率可以达到40%以上。长柄扁桃油与其他植物油脂肪酸含量比较结果如表 7-1 所示。长柄扁桃油主要含有 6 种脂肪酸，脂肪酸组成以油酸、亚油酸为主，含少量棕榈酸、亚麻酸和花生烯酸等，其中不饱和脂肪酸总量高达 96%～98%，居所有植物油榜首（李聪等，2010）。长柄扁桃油的脂肪酸比例与素有“食用植物油皇后”美称的橄榄油相当，优于核桃油、花生油和玉米油等。不饱和脂肪酸在人体内容易消化，不但不会提高体内脂肪含量，反而有助于降低体内脂肪含量。不饱和脂肪酸还可以降低血脂、血浆纤维蛋白的含量及血液黏度，从而改变血液流动性，防止血小板聚集和血栓形成，改善血液微循环（Bai et al.，2016；Yan et al.，2017）。

表 7-1　长柄扁桃油与其他植物油主要脂肪酸含量比较　（单位：%）

植物油	饱和脂肪酸		不饱和脂肪酸			
	棕榈酸	硬脂酸	棕榈油酸	油酸	亚油酸	亚麻酸
长柄扁桃油	1.9	0.2	0.4	70.6	26.7	0.2
橄榄油	7.5～20	0.5～5.0	0.3～3.5	55～83	3.5～21	0～1.5
核桃油	5.6	2.2		16.3	64.6	11.2
花生油	11.1	3.2	0.4	40.3	40.5	
玉米油	9.9	1.3	0.7	24.5	58.7	
菜籽油	3.5	1.1		20.3	11.4	7.8
豆油	2.3～13.5	2.1～7.0		21.1～30.8	49.2～54.4	1.9～10.7
葵花籽油	7.4	3.2		23.2		
扁桃油	6.6～6.7	1.5～0.8	0.2～0.3	74.2～79	12.6～17.9	
茶油	8.8	1.1		82.3	7.4	0.2
棕榈油	37.7	4.3		44.4	12.1	

注：表中空格表示该植物油不含此脂肪酸或者含量极低

长柄扁桃油与部分植物油维生素 E 含量的比较结果如表 7-2 所示（雷根虎等，2009）。由表 7-2 可知，长柄扁桃油中维生素 E 含量也很丰富，约 500mg/kg，其中 α-维生素 E 63.4mg/kg，仅低于大豆油，优于橄榄油。维生素 E 是一种脂溶性维生素，广泛存在于植物油中，具有抗氧化、保护机体组织结构完整性、增强机体免疫力等功能。此外，长柄扁桃油还检出含多酚、黄酮和角鲨烯等生物活性成分。

表 7-2　长柄扁桃油与部分植物油维生素 E 含量的比较　（单位：mg/kg）

植物油	总维生素 E	α-维生素 E	（β+γ）-维生素 E	δ-维生素 E
长柄扁桃油	48.40	1.77	44.50	2.11
橄榄油	16.80			
核桃油	35.80	0.66	31.20	3.89
花生油	10.30	0.82	8.71	0.74
棕榈油	3.80	3.16	0.66	0.01
葵花籽油	13.60	9.59	3.35	0.71
棉籽油	86.40	19.31	67.14	

2012 年 6 月，长柄扁桃油申报新资源食品认证，进展顺利，于 2013 年 10 月通过国家卫健委审核，被正式批准为新食品原料（图 7-2）。

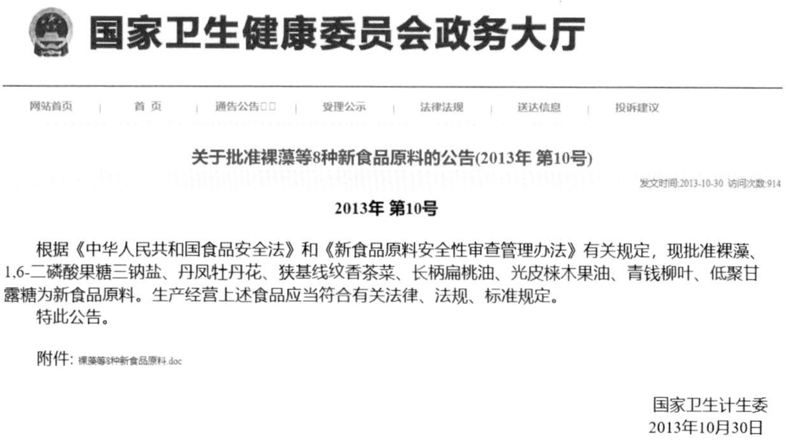

国家卫生健康委员会政务大厅

网站首页 | 首 页 | 通告公告□□ | 受理公示 | 法律法规 | 送达信息 | 投诉建议

关于批准裸藻等8种新食品原料的公告(2013年 第10号)

发文时间:2013-10-30 访问次数:914

2013年 第10号

根据《中华人民共和国食品安全法》和《新食品原料安全性审查管理办法》有关规定，现批准裸藻、1,6-二磷酸果糖三钠盐、丹凤牡丹花、狭基线纹香茶菜、长柄扁桃油、光皮梾木果油、青钱柳叶、低聚甘露糖为新食品原料。生产经营上述食品应当符合有关法律、法规、标准规定。

特此公告。

附件: 裸藻等8种新食品原料.doc

国家卫生计生委
2013年10月30日

图 7-2　长柄扁桃获批新食品原料的公告

对长柄扁桃油的生物功能研究表明，长柄扁桃油（图 7-3）具有较好的降血脂、抗氧化和保护肝脏的作用（Gao et al.，2016；Yan et al.，2016）。

二、苦杏仁苷

苦杏仁苷（amygdalin）属于芳香族氰苷，存在于杏、李子等蔷薇科植物的种子及叶中，一般含量为 2%～3%（图 7-4）。分子式为：$C_{20}H_{27}NO_{11}$，结构式为苯羟基乙氰-D-葡萄糖-6-1-D-葡萄糖苷，相对分子量为 457.53。它是医药业的重要原料，具有止咳平喘、润肠通便、抗肿瘤、增强免疫力、抗溃疡、镇痛等功效。长柄扁桃仁中含有约 3.2%的苦杏仁苷，采用有机溶剂浸提长柄扁桃脱脂油渣中的苦杏仁苷，提取率可达 30%，纯度 96%（寇凯等，2013）。

图 7-3　长柄扁桃食用油

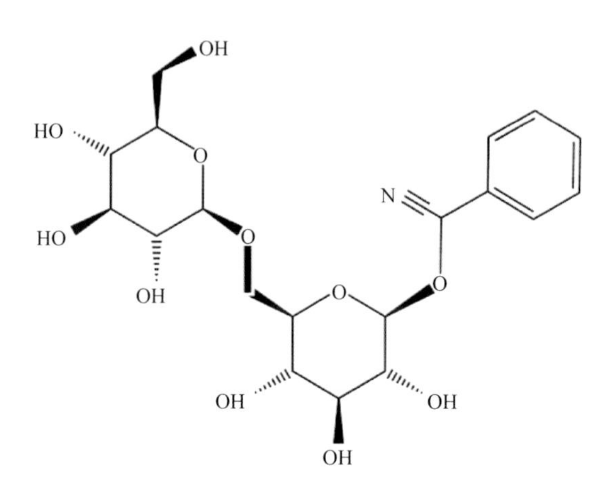

图 7-4　苦杏仁苷结构式

三、蛋白粉

长柄扁桃仁中粗蛋白含量为 19%～22%，脱脂提苷后的长柄扁桃残渣可提取优质长柄扁桃蛋白粉，采用水溶酸沉法提取长柄扁桃蛋白粉，蛋白质总提取率为 50%～60%，蛋白质含量为 95%左右。蛋白粉中包含 18 种氨基酸，其中 8 种必需氨基酸齐全，含量最高的是谷氨酸，甲硫氨酸含量最低；含有多种人体必需的 P、K、Mg、Ca、Fe 等多种矿质元素。

长柄扁桃蛋白粉具有一定的体外抗氧化性。生物功能学实验表明，其具有一定的抗疲劳和提高免疫力的作用。

四、活性炭

长柄扁桃种壳占种子质量的 70%左右，且坚硬、致密度高，是制造板材、糠醛、活性炭等的优良原料，也可用于燃烧发电。

活性炭是一类以碳为主要成分，具有发达孔隙结构、巨大比表面积、强选择性吸附能力、良好的化学稳定性、高力学强度的固体材料。活性炭丰富的孔隙结构使其具有吸附气体、液体分子的能力。采用氯化锌法制备长柄扁桃种壳活性炭，其碘吸附值及亚甲基蓝吸附能力均能达到《木质净水用活性炭》（GB/T 13804—1992）规定的优级品要求。不含 Mn、Cd、As、Pb 等有害元素，可作为食品、医药等行业的脱色剂（Shu et al.，2015）（图 7-5）。

制备的长柄扁桃壳活性炭也可作为双电层电容器（EDLC）的原材料，采用循环伏安法和恒电流充放电实验考察不同扫描速率和电流密度下 EDLC 质量比电容值的变化，结果表明，在较低电流密度下，长柄扁桃壳活性炭电极材料均具有较好的可逆性、电容特性、较长的放电时间和较高的质量比电容值（Li et al.，2016；Shu et al.，2016）。

图 7-5　长柄扁桃壳活性炭

五、生物柴油

生物柴油作为可再生的新型绿色燃料，是优质的石化柴油替代品。以长柄扁桃油为原料制备的生物柴油（许龙等，2014），各项指标均符合国家标准 GB/T 20828—2007《柴油机燃料调合用生物柴油（BD100）》的要求，其中冷滤点可达 −28℃，表明长柄扁桃生物柴油低温流动性能好；并且硫含量仅为 0.001%，低于标准，可以有效减少酸雨，对环保具有重要意义。BD5 和 BD100 台架试验的各项指标符合国家标准（表 7-3）。

表 7-3　长柄扁桃生物柴油的理化性能分析

性质	实验样品	柴油机燃料调和用生物柴油标准（BD100）	美国生物柴油标准 ASTM6751-07
十六烷值	49	不小于 49	不小于 45
运动黏度，mm^2/s（40℃）	4.539	1.9～6.0	1.9～6.0
酸值，mg KOH/g	0.33	不大于 0.80	不大于 0.8
闪点，℃	130	不低于 130	不低于 100
硫含量，%（*m*/*m*）	0.001	不大于 0.005	不大于 0.0015
残碳，%（*m*/*m*）	0.14	不大于 0.3	不大于 0.05
密度，kg/m^3（20℃）	877.6	820～900	870～890
馏程：90%回收温度，℃	360	不高于 360	90%，360
铜片腐蚀级（50℃，3h）	1a（淡橙色）	不大于 1	3
硫酸盐灰分，%（*m*/*m*）	0.012	不大于 0.02	不大于 0.02
冷滤点，℃	−28	报告	—
机械杂质	无	无	—

注：铜片腐蚀级别中，1a 表示腐蚀级别为 1 级，即铜片轻度变色，且为淡橙色；“—”表示指标暂未被列入标准

在转化生物柴油的过程中，副产物可进一步分离纯化出化工产品——甘油。

六、饲料

提取蛋白粉后的最终残渣，仍含有一定量的粗脂肪和粗蛋白，且粗蛋白中 18 种氨基酸种类齐全，含有 8 种必需氨基酸，且矿质元素含量丰富，可作为动物饲料或饲料添加剂使用。

七、化妆品

长柄扁桃油是一种半干性油脂，稳定性好，不易变质，可以作为化妆品的原料之一，使用后清爽滑润，对皮肤和毛发起到保护和滋养的作用。是一种高品质的化妆品用天然植物油。以长柄扁桃油为原料，用于按摩油、润肤霜、护肤水、膏状面膜、洁面乳等方面，可有效改善皮肤，提高皮肤滋润度，抵御紫外线辐射，达到皮肤护理的目的；用于洗发水、护发素、发油等方面，可达到清洁、护理、美化毛发的目的。

第三节　长柄扁桃产品加工技术

一、长柄扁桃油加工技术

制备植物油的方法有很多，生产中最常使用压榨法和浸出法。此外，伴随着新技术的发展，出现了超临界 CO_2 萃取法、水酶法等（陆彩瑞等，2016；闫军等，2017）。为了保证长柄扁桃油的品质，推荐采用冷榨法制备长柄扁桃食用油。选取成熟饱满的长柄扁桃种子脱去外种皮，脱壳后收集饱满、无霉菌的长柄扁桃种仁为原料；种仁依次经过色选机、磁选机、去石机和粉碎机等，进入低温螺旋压榨机，控制温度、压榨的压力及出油速率，制备长柄扁桃毛油。自然沉降，除去大部分油渣，再将毛油通过板框过滤机除去剩余的油渣，得到的长柄扁桃粗油可达到国家食用油二级品标准，并可以直接食用。若对油脂进一步脱胶、脱酸、脱色，可得到长柄扁桃精炼油（一级品）（图 7-6）。

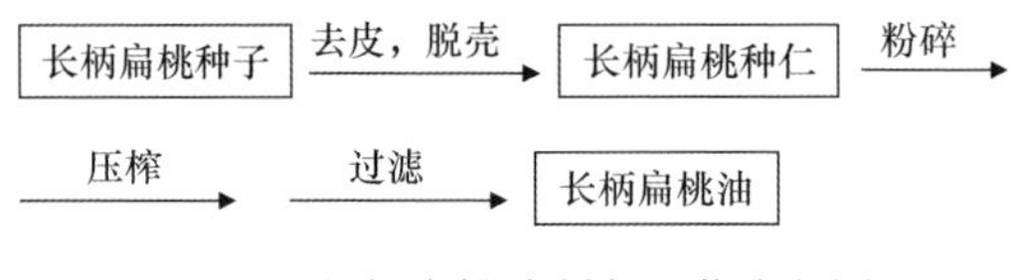

图 7-6　长柄扁桃油制备工艺流程图

二、长柄扁桃苦杏仁苷提取技术

长柄扁桃种仁冷榨提取长柄扁桃油，剩余残渣即为油粕。目前，工业生产中，苦杏仁苷的提取主要采用有机溶剂浸提的方法，方法简单、得率较高，但容易使饼粕蛋白质变性，影响后续产品的开发。

制备长柄扁桃油所剩下的油粕苦杏仁苷含量达到5%～6%。根据苦杏仁苷的溶解性能，采用合适的溶剂进行浸提，浓缩提取液后可获得苦杏仁苷的粗品结晶，再通过纯化手段获得高纯度的产品。苦杏仁苷加工过程中，温度会影响苦杏仁苷的提取率及油粕中蛋白质的变性，进而影响后续产品的加工，需要注意控制温度（图7-7）。

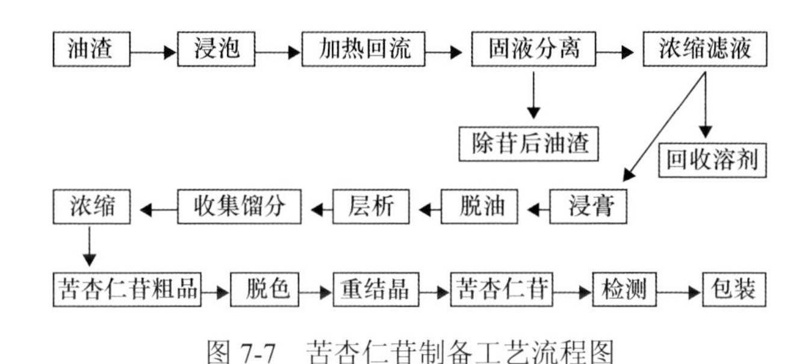

图7-7　苦杏仁苷制备工艺流程图

若为得到高收率的苦杏仁苷，可以将油粕用正己烷等溶剂浸提，低温脱去残余溶剂，得到低变性脱脂油粕。用乙醇浸提脱脂油粕，趁热过滤、合并滤液，减压蒸馏，浸膏放置后有苦杏仁苷析出，对析出的固体进行重结晶，得到高纯度的苦杏仁苷。

也可将低温脱脂油粕进行水提，过大孔树脂，纯化苦杏仁苷。

三、长柄扁桃蛋白粉加工技术

植物蛋白粉的提取方法根据作用原理的不同，主要分为溶剂萃取法、色谱法、膜分离法和泡沫分离法。溶剂萃取法是一种传统的以溶解度为基础的蛋白粉提取方法，主要包括碱法提取、水法提取、盐法提取、有机溶剂提取、酶法提取等。

可以采用胶体磨均质法对低变性脱脂油粕进行匀浆，控制料液比、温度及均质颗粒的大小，采用喷雾法制备长柄扁桃蛋白粉。

长柄扁桃蛋白粉可以进一步提取高蛋白质含量的蛋白质粉。工业生产，一般采用碱提蛋白质法。将低变性脱脂油粕用蒸馏水分散混匀，加低浓度的NaOH调节pH，一定温度下（一般不超过60℃）搅拌浸提，过滤收集滤液。滤液中缓慢加入低浓度HCl，调节pH沉淀蛋白质，将沉淀冷冻干燥即得长柄扁桃蛋白质粉（图7-8）。

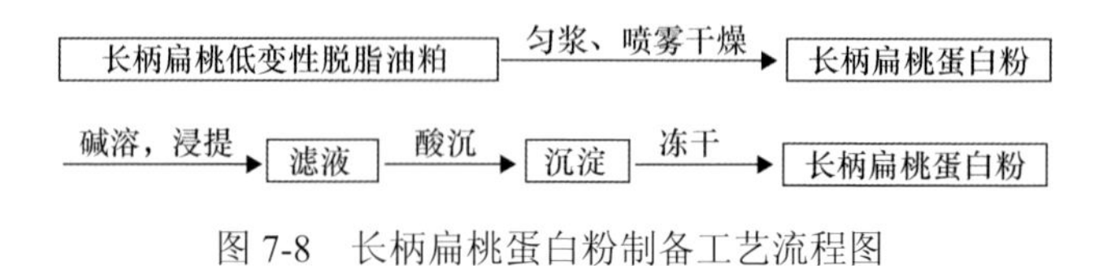

图 7-8　长柄扁桃蛋白粉制备工艺流程图

四、长柄扁桃生物柴油加工技术

制备生物柴油的方法主要有直接混合法、微乳化法、高温裂解法和酯交换反应法等，其中，酯交换法是最常用的方法。西北大学申烨华教授课题组发明了一种新型的生物柴油固体催化剂（李国平等，2011，2012；王燕等，2012；白斌等，2012），可以耐受 7.5%以内的游离脂肪酸、10%以内的水分和 0.5%～1.0%的硫酸，可以直接以粗植物油为原料，不需对粗油进行精制，该步骤将减少总投资的 50%以上。生物柴油和甘油通过短时间静置即可分离，精制生物柴油只需去除少量催化剂和残留甘油，无皂化物，甘油回收工艺简单（图 7-9）。

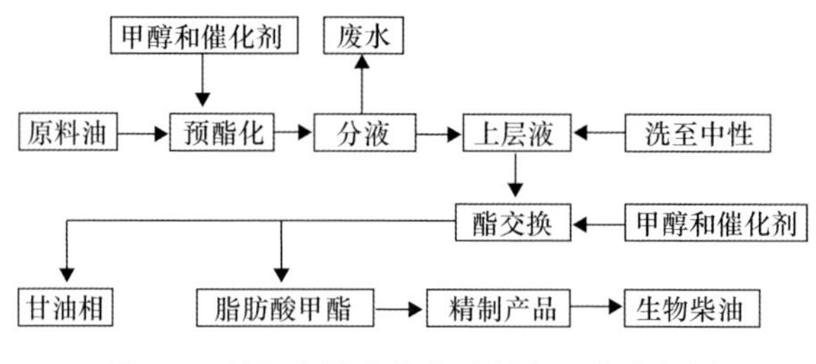

图 7-9　长柄扁桃生物柴油制备工艺流程图

将计量的长柄扁桃油抽到反应釜，加入计量的甲醇，开始搅拌，开启水蒸气加热到反应温度，加入催化剂，开始搅拌计时，反应结束时，放出蒸汽，通入自来水降温，静置分层，从釜下方放出下层甘油相，通过输液泵放入甘油处理釜中。开启搅拌，打开真空泵，待压力降至−0.1MPa，打开蒸汽阀加热粗生物柴油至 65～75℃，减压回收甲醇。向反应釜中加入一定量的水，水洗残留于生物柴油中的少量催化剂，搅拌、静置，分离水相，重复三次。打开蒸汽阀减压蒸馏柴油相残存的水分，冷却、称量并存储。

甘油相处理：将甘油相移至反应釜，搅拌下分批加入适量的酸，至混溶在甘油相的生物柴油分出，过滤除去生成的盐后，静置分层，收集上层的生物柴油相，与酯交换釜的生物柴油合并进行水洗处理，将剩余的甘油相减压蒸馏至 110℃，蒸发除去水分，得到粗甘油。

五、长柄扁桃壳活性炭加工技术

活性炭的制备一般分为炭化和活化两个过程。在炭化过程中，原料中的挥发非碳组分在加热条件下去除，一部分含氧官能团断裂，芳环、桥键分解聚合，形成具有孔隙的碳结构。活化过程是对炭化产物的进一步加工，经过炭化物与活化剂间的物理或化学反应，炭化物将进一步扩孔得到更大的比表面积和一定的孔径分布。活性炭制备的关键步骤是活化。一般来讲，活性炭的制备方法主要包括物理活化法和化学活化法。

以氯化锌活化法为例，将长柄扁桃壳按一定配比与 $ZnCl_2$ 溶液混合，浸泡 20～24h 后，于 105℃干燥 2～4h 备用。在马弗炉中 350℃预氧化 1～2h 后，在 500～700℃活化 0.5～2.0h。活化结束后，待炉温降至 50℃以内，分别用 1mol/L HCl、80℃蒸馏水逐步煮沸冲洗至中性。105℃烘干，粉碎过筛后得到成品活性炭（图 7-10）。

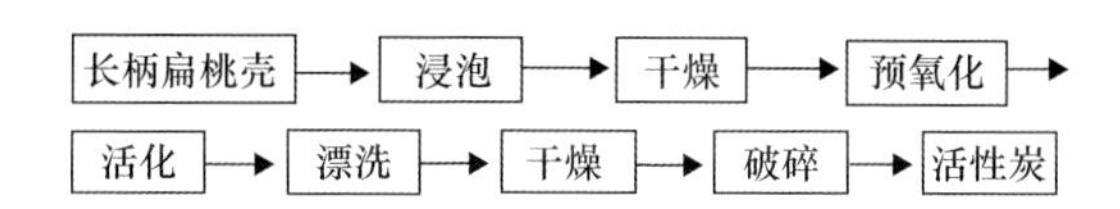

图 7-10　氯化锌活化法长柄扁桃壳活性炭制备工艺流程

参 考 文 献

白斌, 陈邦, 李聪, 等. 2012. 新型催化剂对猪油制备生物柴油的研究[J]. 西北大学学报(自然科学版), 42(2): 236-240.

陈俏, 李聪, 方治国, 等. 2013. 利用沙生植物长柄扁桃油制备生物柴油[J]. 西北大学学报(自然科学版), 43(2): 229-232.

董发昕, 王振军, 孙伟, 等. 2012. ICP-AES 测定长柄扁桃仁油渣中的多种微量元素[J]. 光谱实验室, 29(6): 3353-3356.

候国峰, 李聪, 陈邦, 等. 2014.不同产地长柄扁桃种仁成分分析[J]. 西北植物学报, 34(9): 1843-1848.

寇凯, 许宁侠, 申烨华. 2013. 反相高效液相色谱法测定长柄扁桃仁产品中苦杏仁苷含量[J]. 分析科学学报, 29(3): 367-370.

雷根虎, 刘丽婷, 韩超, 等. 2009. 沙地濒危植物长柄扁桃仁中维生素 E 含量分析[J]. 西北大学学报: 自然科学版, 39(5): 777-779.

李冰, 李洋, 许宁侠, 等. 2010. 氯化锌活化法制备长柄扁桃壳活性炭[J]. 西北大学学报(自然科学版), 40(5): 806-810.

李聪, 白径遥, 陈邦, 等. 2016. 长柄扁桃油榨油工艺研究[J]. 广州化工, (4): 21-23.

李聪, 李国平, 陈俏, 等. 2010. 长柄扁桃油脂肪酸成分分析[J]. 中国油脂, 35(4): 77-79.

李国平, 李聪, 白斌, 等. 2011. 新型催化剂制备生物柴油的动力学[J]. 化学工程, 39(6): 20-23.

李国平, 李聪, 陈邦, 等. 2012. 粗菜籽油制备生物柴油及放大实验研究[J]. 化学工程, 40(8): 19-23.

陆彩瑞, 白洁琼, 许龙, 等. 2016. 响应面法优化超声-微波协同提取长柄扁桃油工艺[J]. 粮食与食品工业, 23(2): 3-7.

王燕, 陈俏, 李聪, 等. 2012. 新型生物柴油催化剂性能研究[J]. 化学工程, 40(11): 9-12.

王燕, 申烨华, 李国平. 2008. 长柄扁桃仁的氨基酸和矿质元素分析[J]. 陕西师范大学学报(自然科学版), (s1): 78-81.

许龙, 王飞利, 李阳阳, 等. 2014. 沙生植物长柄扁桃油生物柴油的台架试验研究[J]. 西北大学学报(自然科学版), 44(6): 914-917.

许宁侠, 陈邦, 申烨华. 2014. 响应面法优化长柄扁桃中苦杏仁苷的提取工艺[J]. 食品工业科技, 35(4): 270-273.

闫军, 王瑛瑶, 申烨华, 等. 2017. 提取方法对长柄扁桃油稳定性及货架期的影响[J]. 中国粮油学报, 32(4): 93-97.

藏小妹, 陈邦, 李聪, 等. 2012. 长柄扁桃种仁蛋白粉的提取方法研究[J]. 西北大学学报(自然科学版), 42(6): 940-944.

Bai C M, Chen B, Li C, et al. 2016. Physico-chemical composition, antioxidation property and safety assessment of *Amygdalus pedunculata* Pall. seed oil[J]. Bangladesh Journal of Botany, 45(4): 775-781.

Gao Y, Li C, Chen B, et al. 2016. Anti-hyperlipidemia and antioxidant activities of *Amygdalus pedunculata* seed oil[J]. Food & Function, 7(12): 5018.

Li W, Ding Y, Zhang W, et al. 2016. Lignocellulosic biomass for ethanol production and preparation of activated carbon applied for supercapacitor[J]. Journal of the Taiwan Institute of Chemical Engineers, 64: 166-172.

Shu Y, Dobashi A, Li C, et al. 2016. Hierarchical Porous Carbon from Greening Plant Shell for Electric Double-Layer Capacitor Application[J]. Bulletin of the Chemical Society of Japan, 90(1): 44-51.

Shu Y, Li C, Chen B, et al. 2015. Process optimization and characterization of activated carbons from *Amygdalus pedunculata* shell by zinc chloride activation[J]. Journal of Optoelectronics & Advanced Materials, 17(1): 182-191.

Yan J, Guo M M, Shen Y H, et al. 2017. Effects of processing techniques on oxidative stability of *Prunus pedunculatus* seed oil[J]. Grasas Y Aceites, 68(3): 1-9.

Yan J, Shen Y H, Wang Y Y, et al. 2016. The effects of different extraction methods on the physicochemical properties and antioxidant activity of *Amygdalus pedunculatus* seed oil[J]. Journal of Applied Botany and Food Quality, 89: 135-141.

Zang X M, Chen B, Li C, et al. 2013. Extraction Optimization and Functional Properties of Protein from *Amygdalus pedunculatus* Seeds[J]. Asian Journal of Chemistry, 25(17): 9485-9491.